izena_____

abizenak_____

arrakastaren gakoa

hezkuntza ona da

Idatzi falta diren zenbakiak.

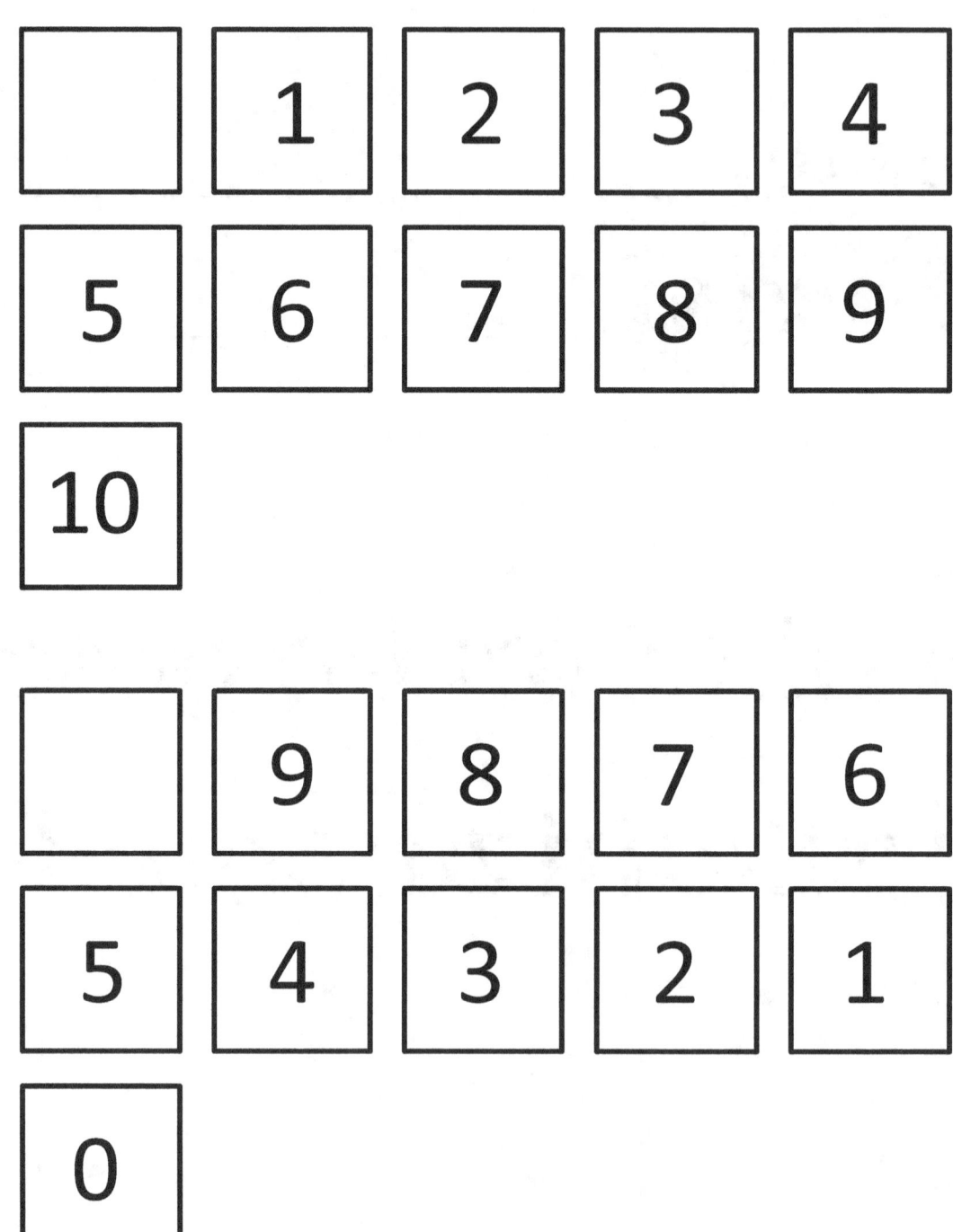

Idatzi falta diren zenbakiak.

0		2	3	4
5	6	7	8	9
10				

10		8	7	6
5	4	3	2	1
0				

Idatzi falta diren zenbakiak.

0	1		3	4
5	6	7	8	9
10				

10	9		7	6
5	4	3	2	1
0				

Idatzi falta diren zenbakiak.

0	1	2		4
5	6	7	8	9
10				

10	9	8		6
5	4	3	2	1
0				

Idatzi falta diren zenbakiak.

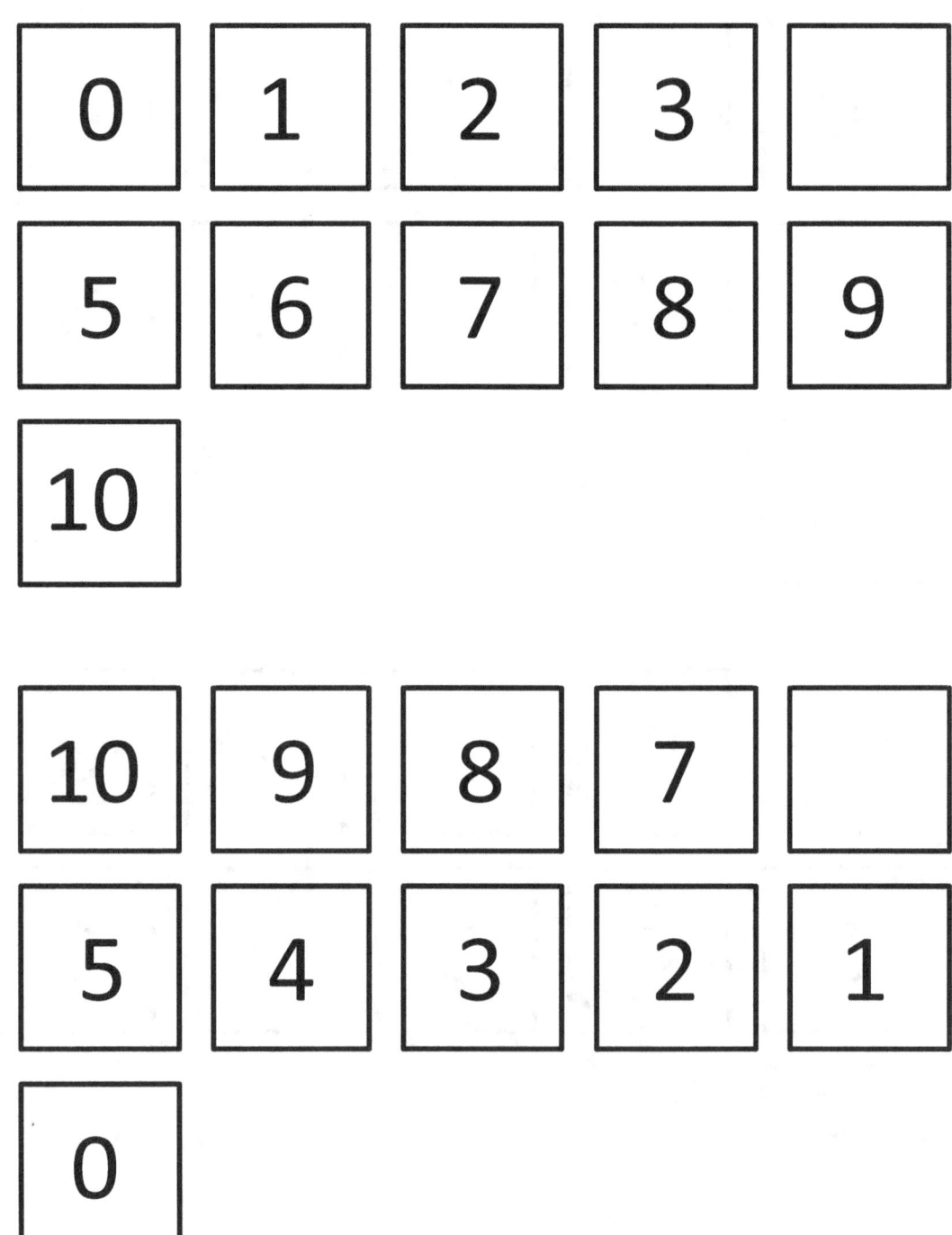

Idatzi falta diren zenbakiak.

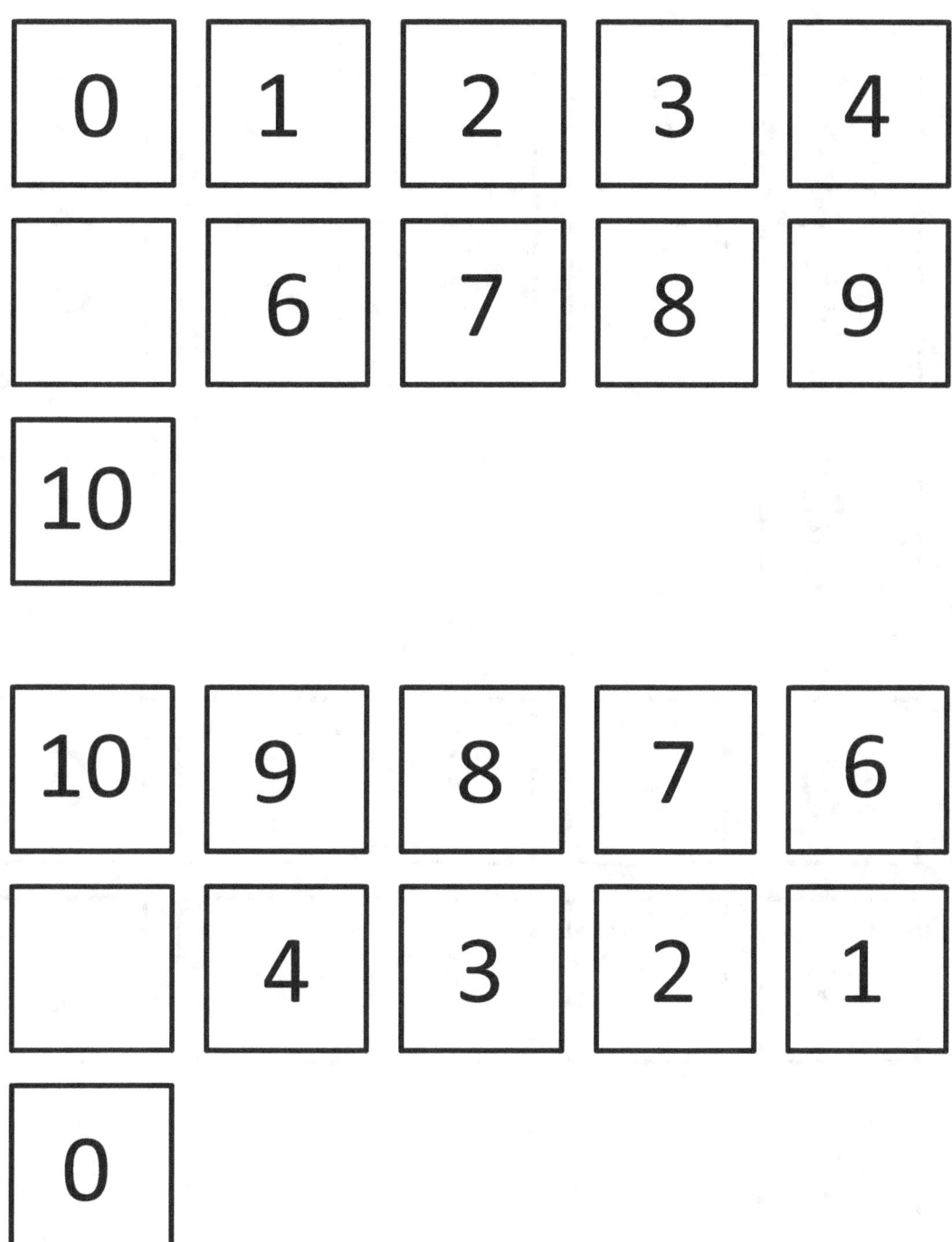

Idatzi falta diren zenbakiak.

0	1	2	3	4
5		7	8	9
10				

10	9	8	7	6
5		3	2	1
0				

Idatzi falta diren zenbakiak.

0	1	2	3	4
5	6		8	9
10				

10	9	8	7	6
5	4		2	1
0				

Idatzi falta diren zenbakiak.

0	1	2	3	4
5	6	7		9
10				

10	9	8	7	6
5	4	3		1
0				

Idatzi falta diren zenbakiak.

0	1	2	3	4
5	6	7	8	
10				

10	9	8	7	6
5	4	3	2	
0				

Idatzi falta diren zenbakiak.

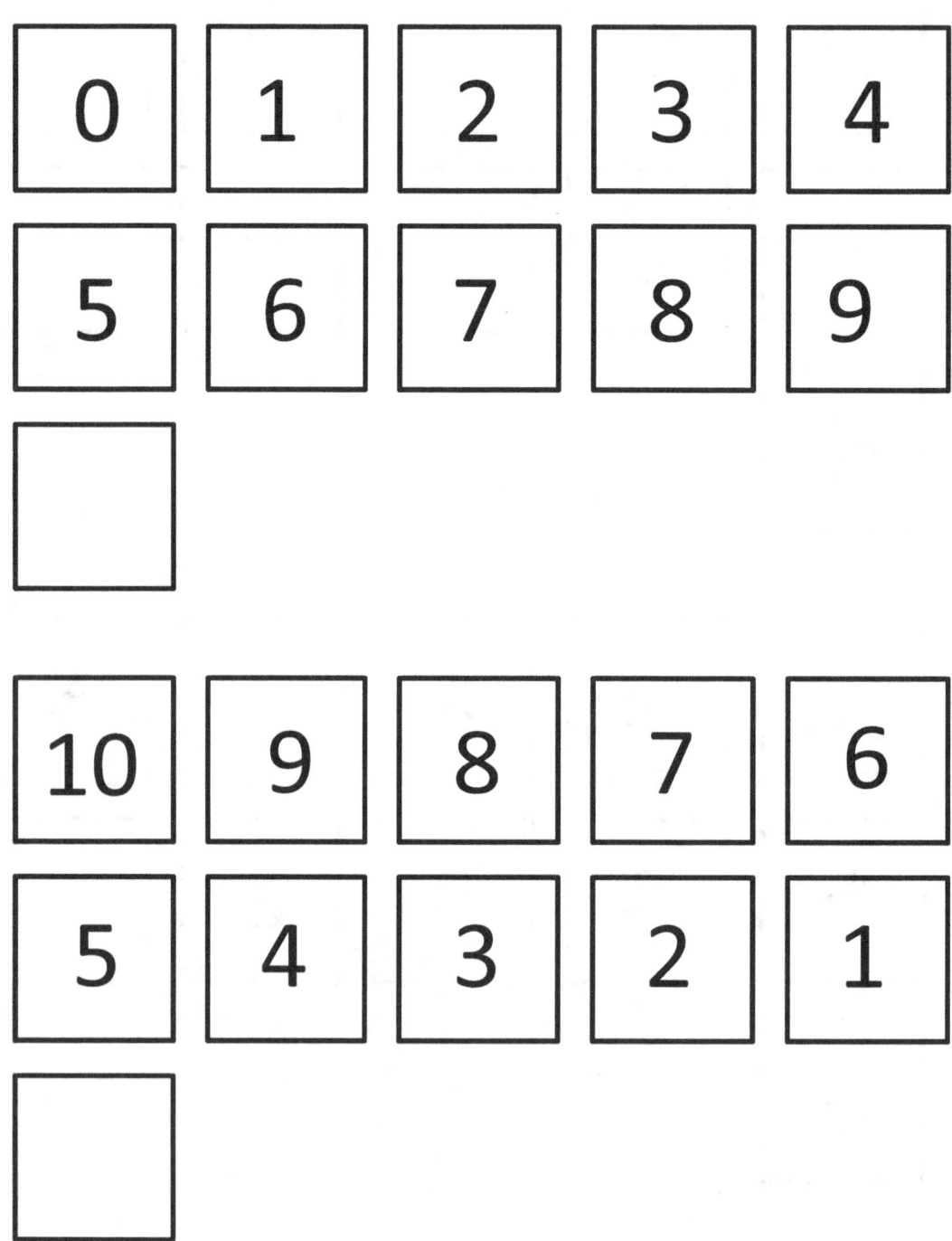

Idatzi falta diren zenbakiak.

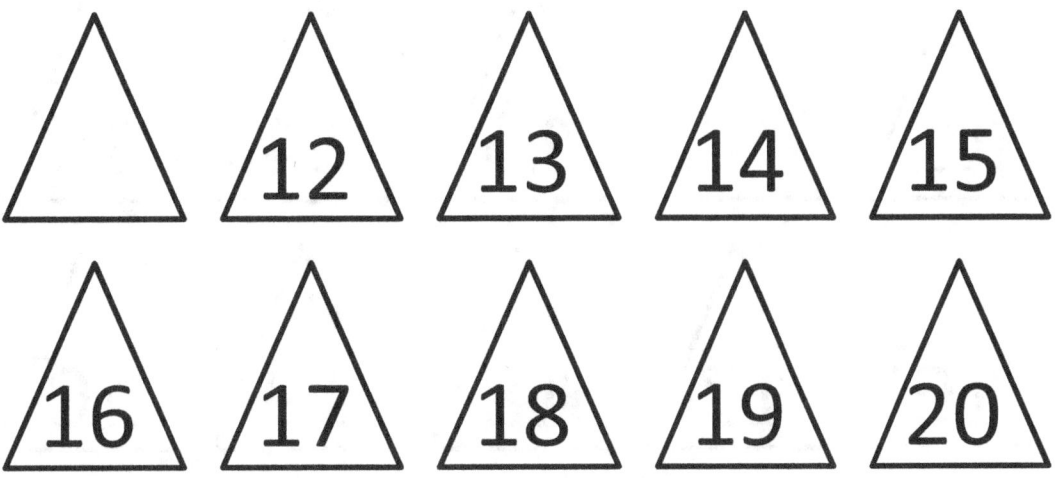

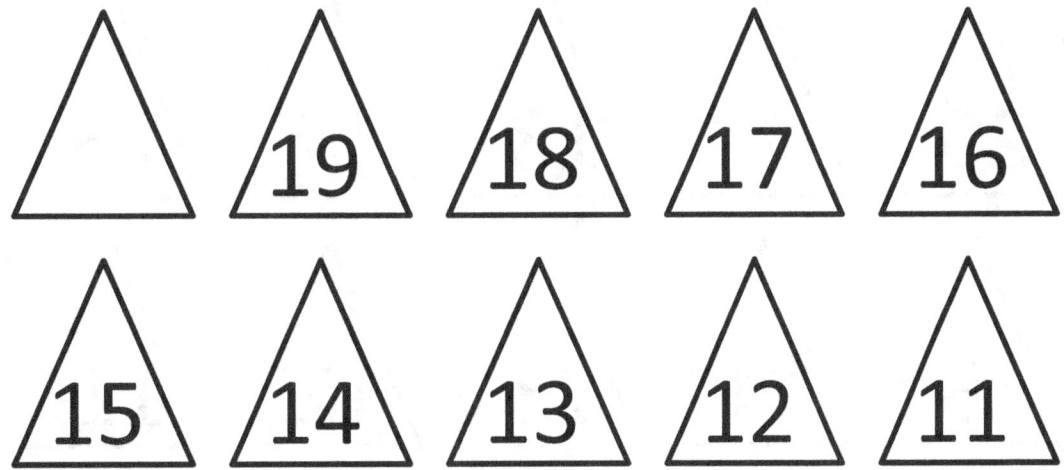

Idatzi falta diren zenbakiak.

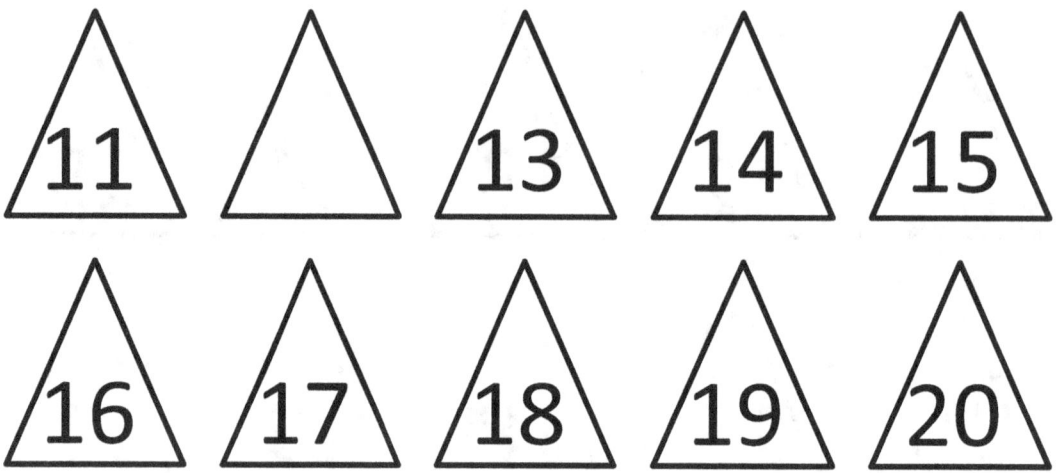

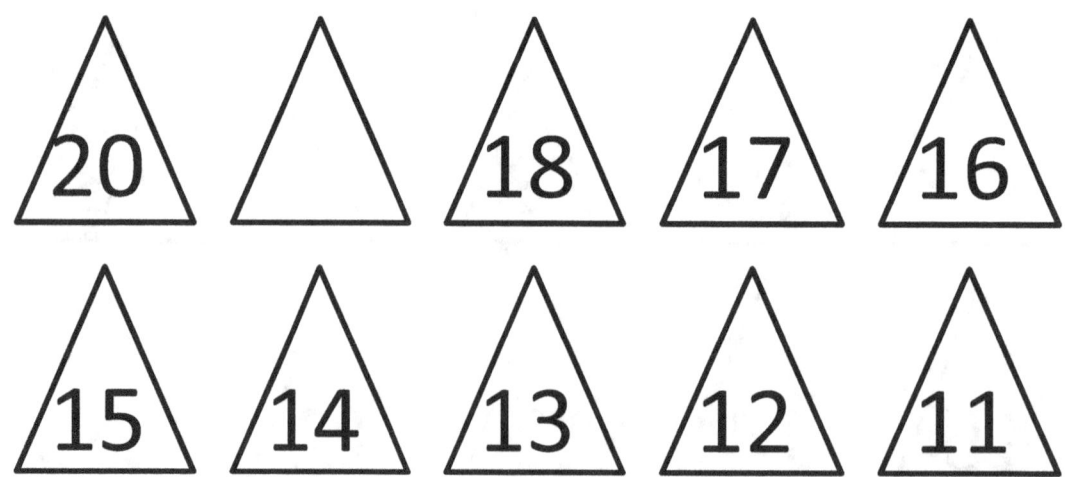

Idatzi falta diren zenbakiak.

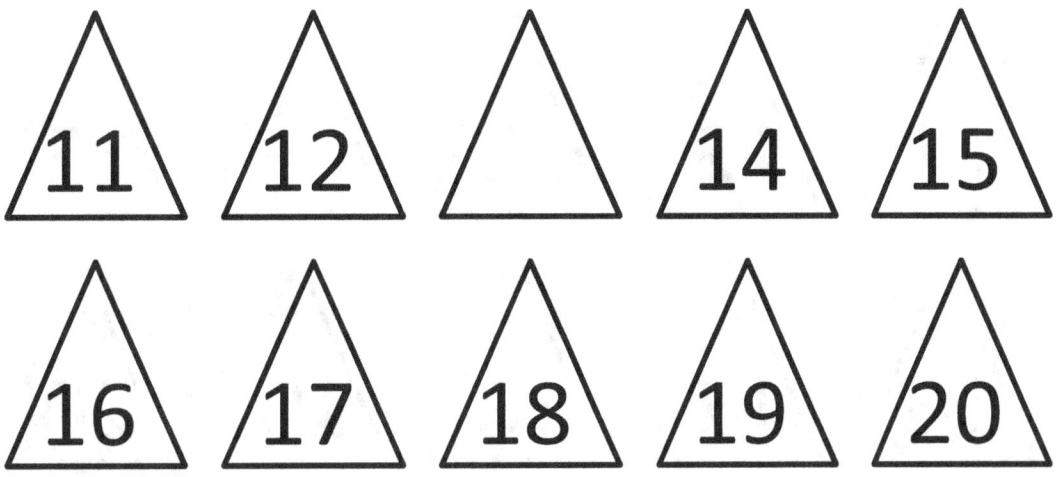

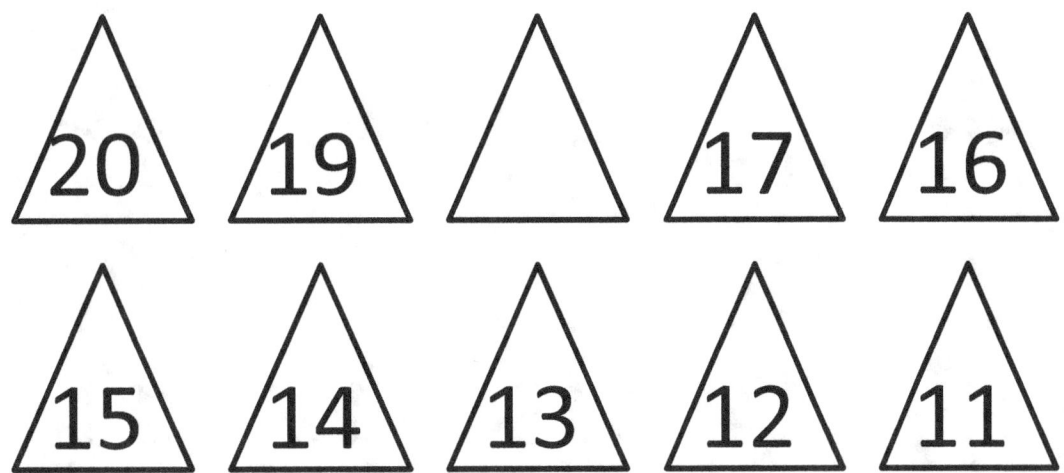

Idatzi falta diren zenbakiak.

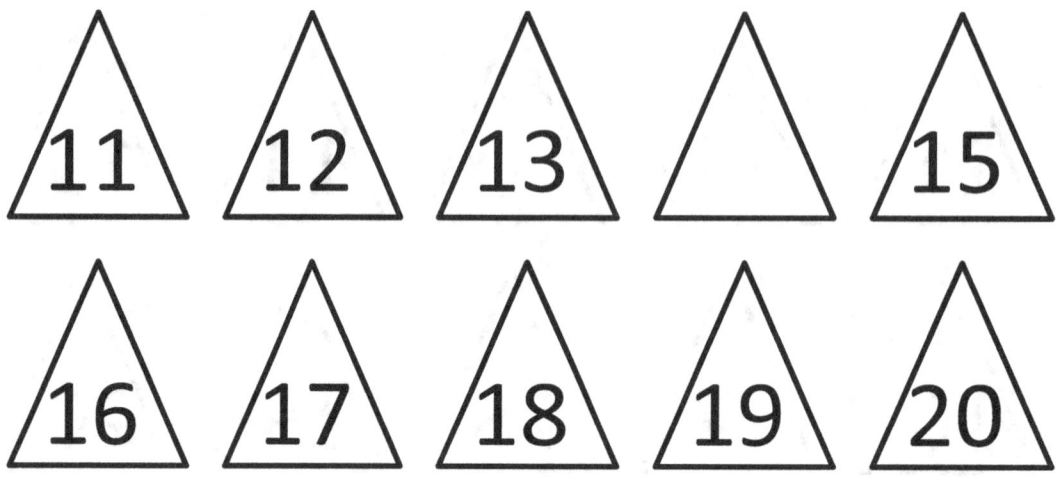

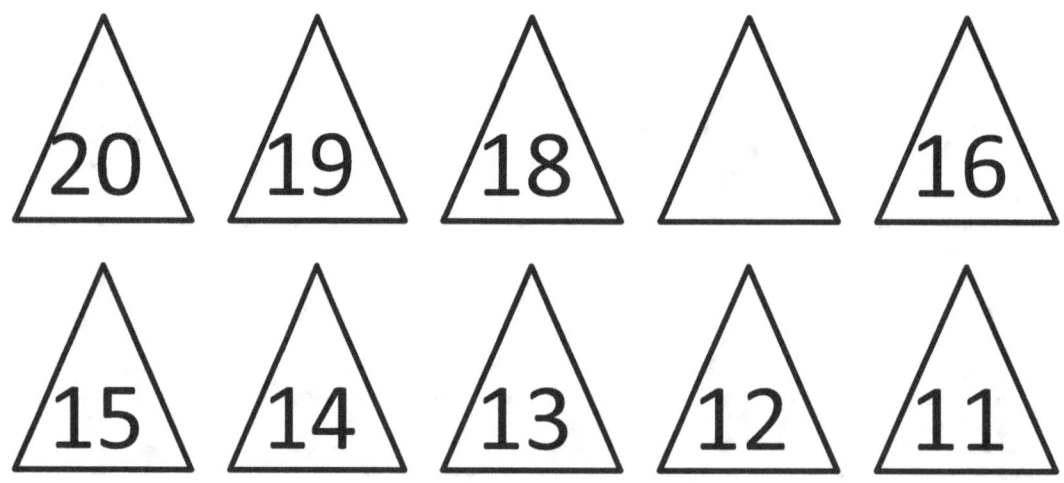

Idatzi falta diren zenbakiak.

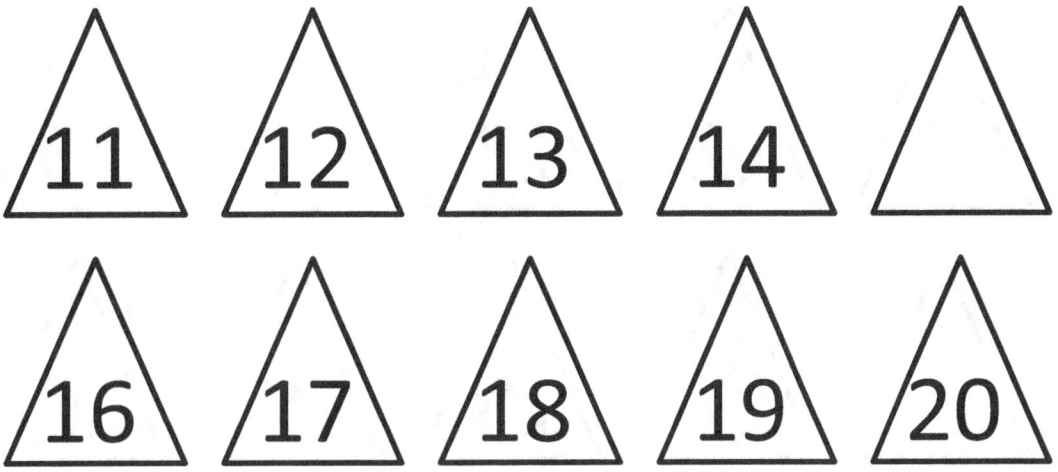

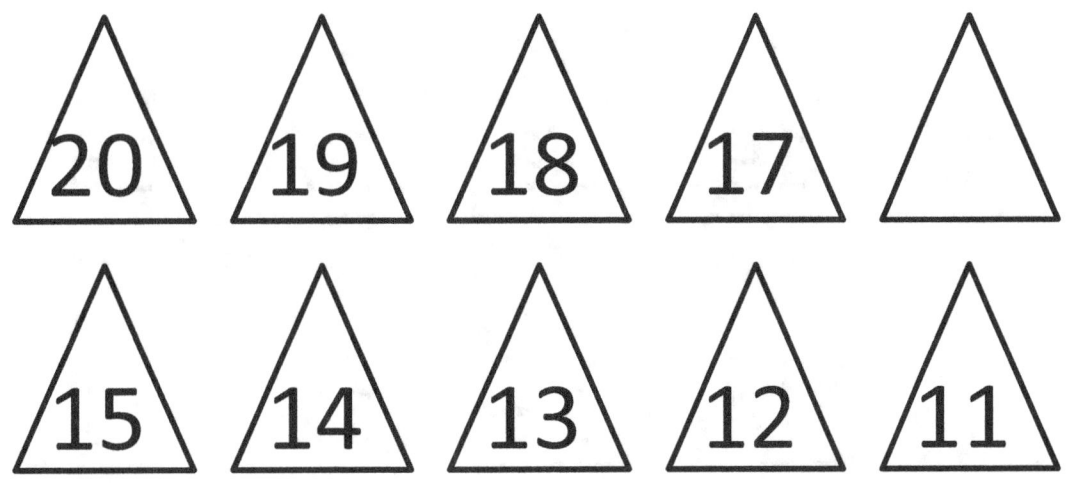

Idatzi falta diren zenbakiak.

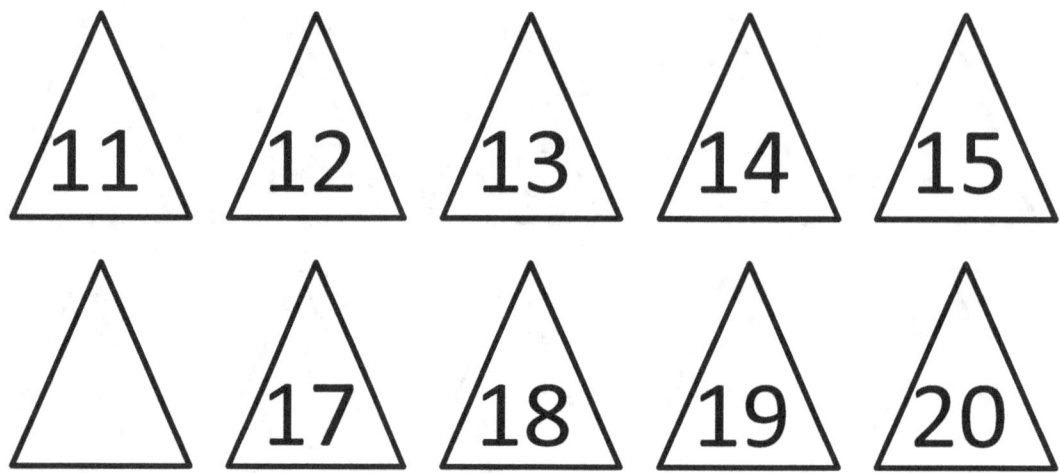

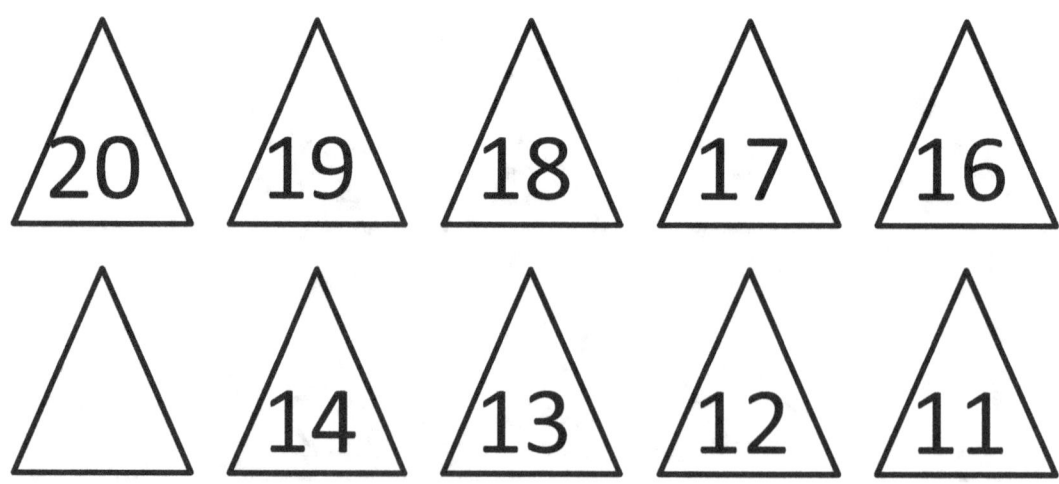

Idatzi falta diren zenbakiak.

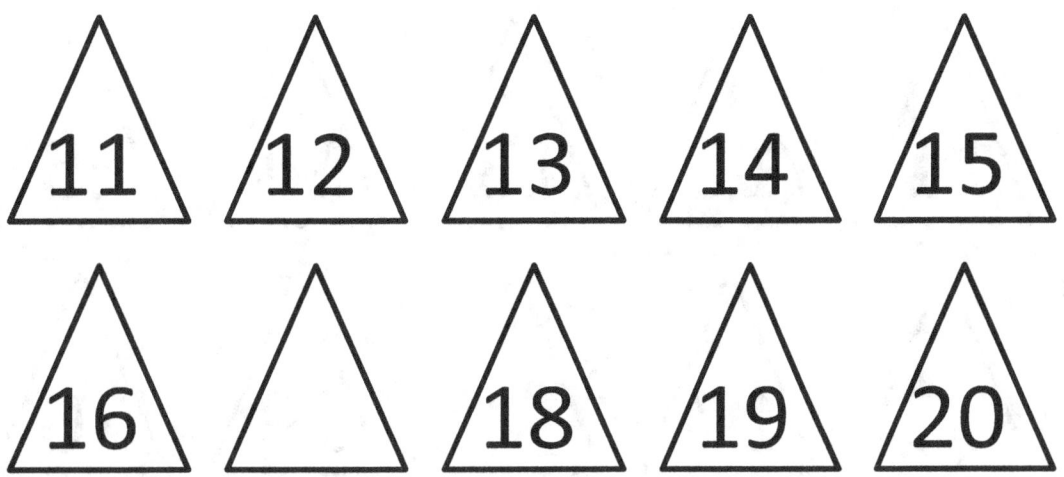

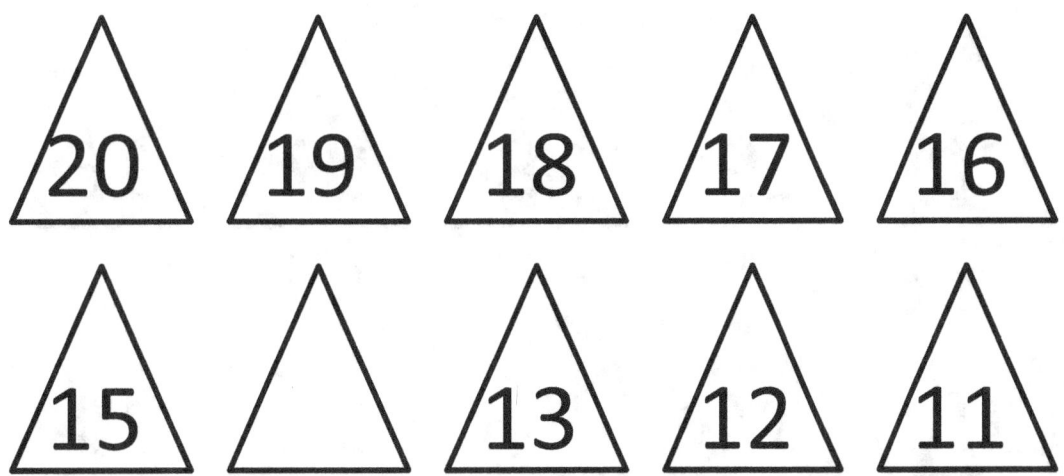

Idatzi falta diren zenbakiak.

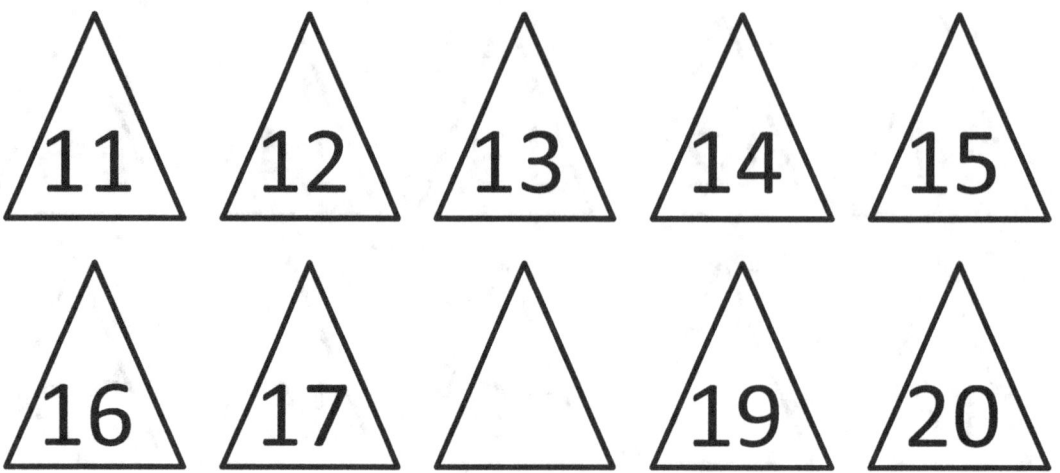

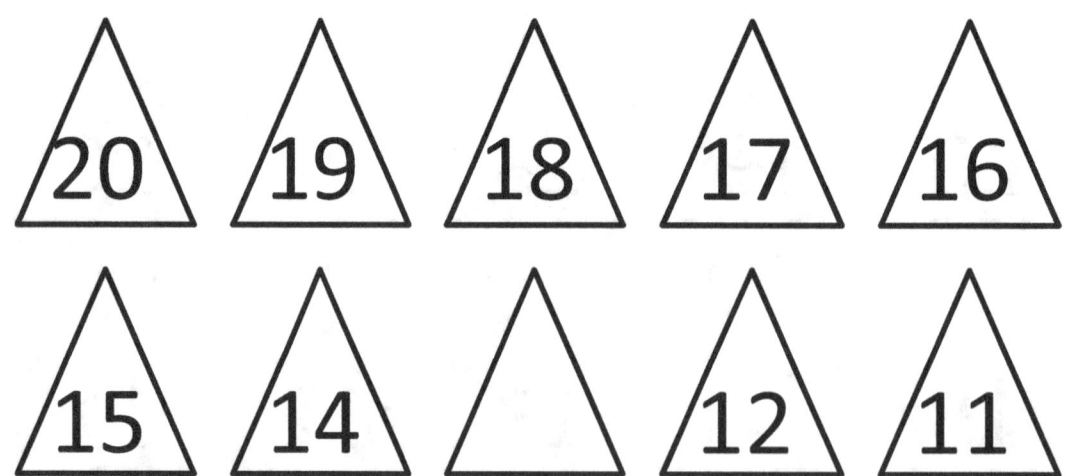

Idatzi falta diren zenbakiak.

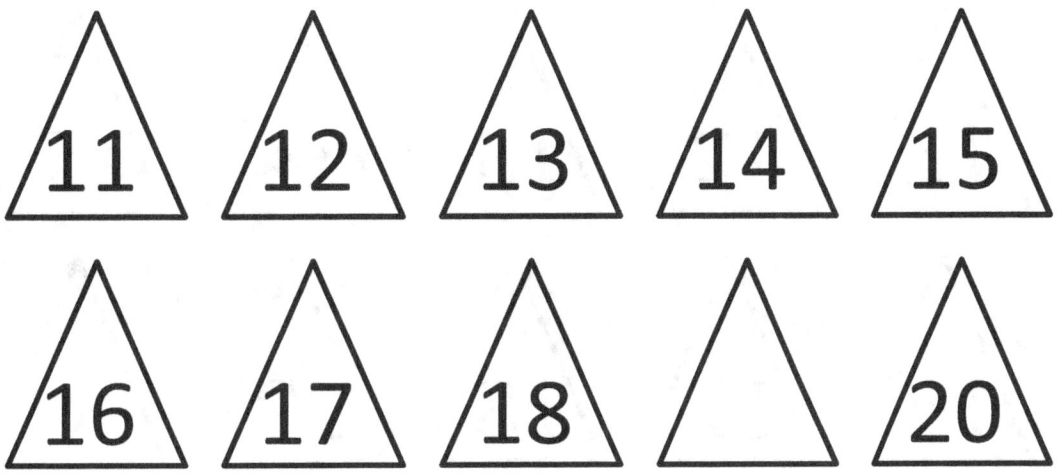

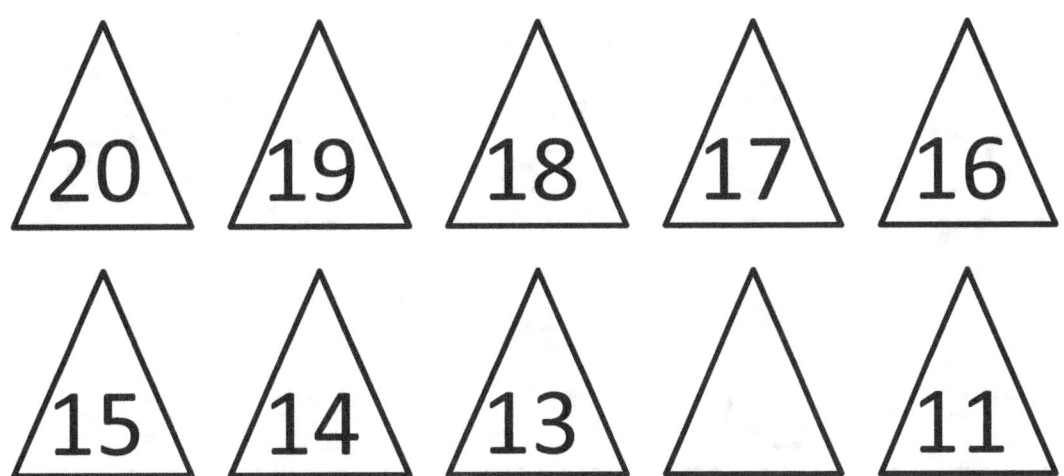

Idatzi falta diren zenbakiak.

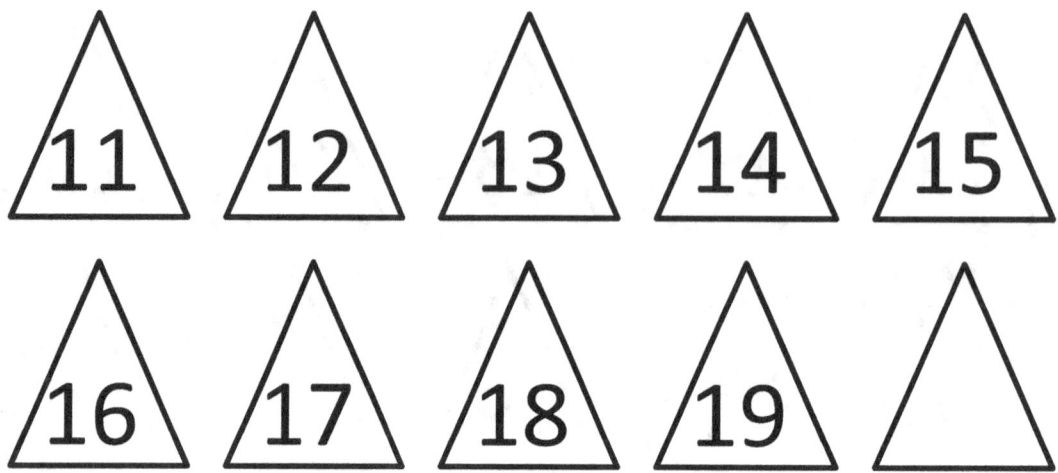

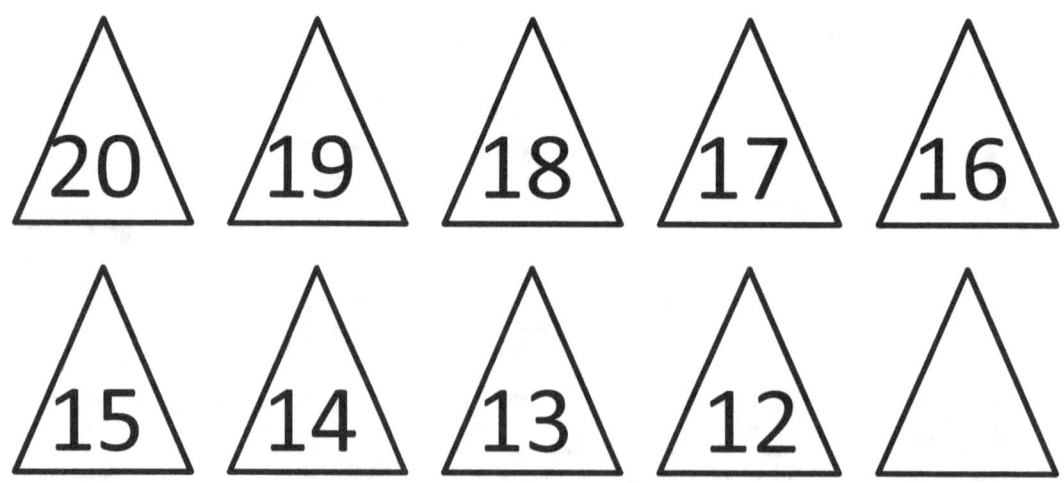

Idatzi falta diren zenbakiak.

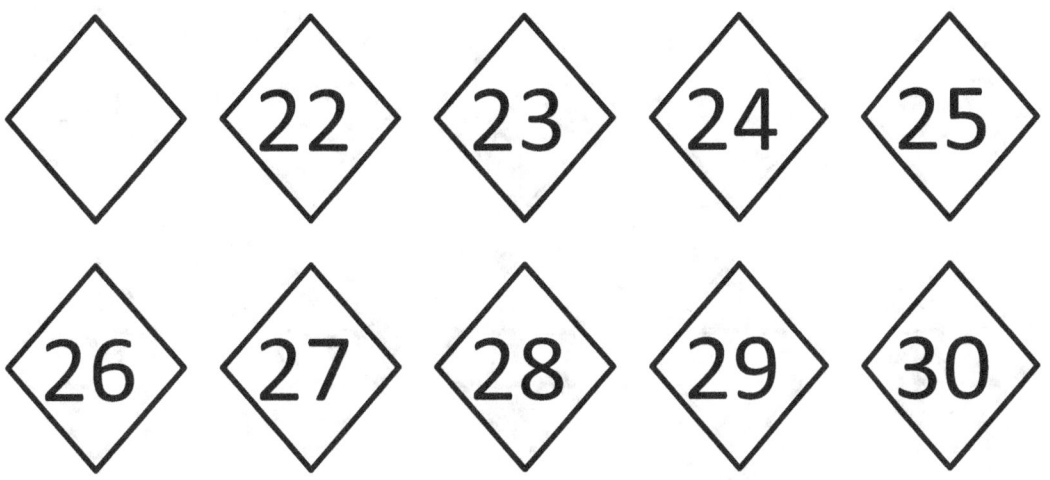

Idatzi falta diren zenbakiak.

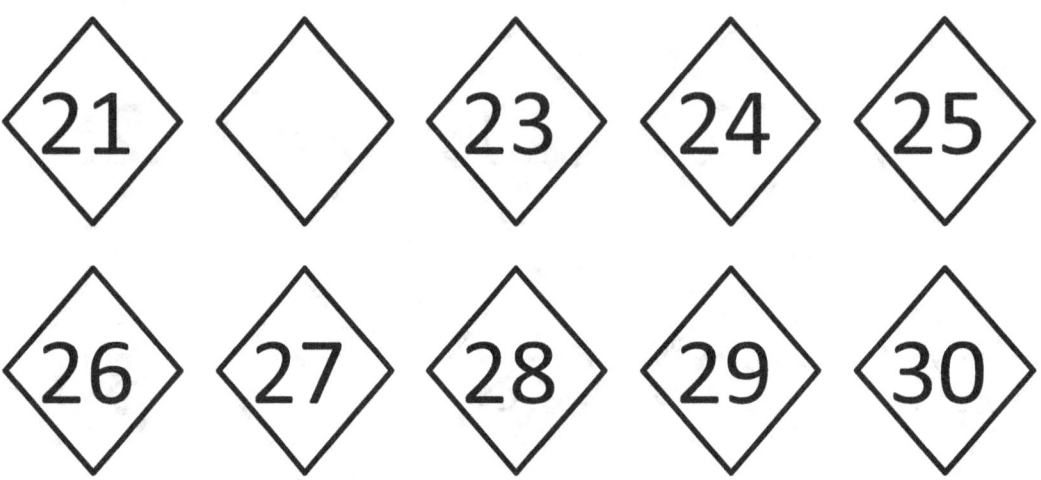

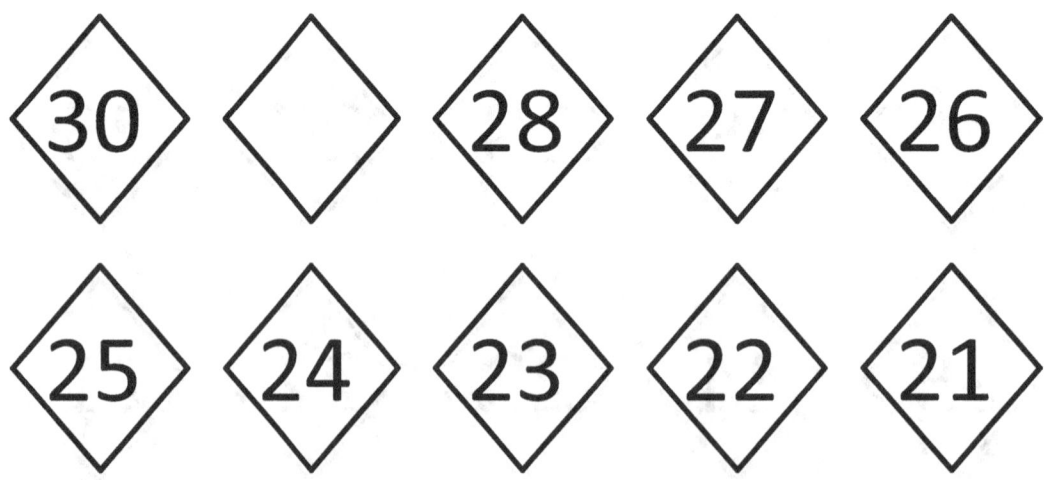

Idatzi falta diren zenbakiak.

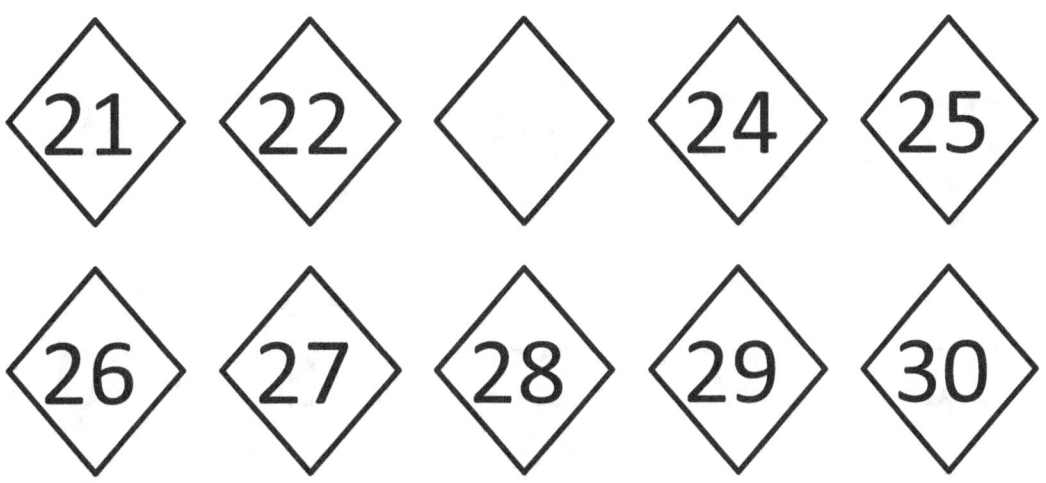

Idatzi falta diren zenbakiak.

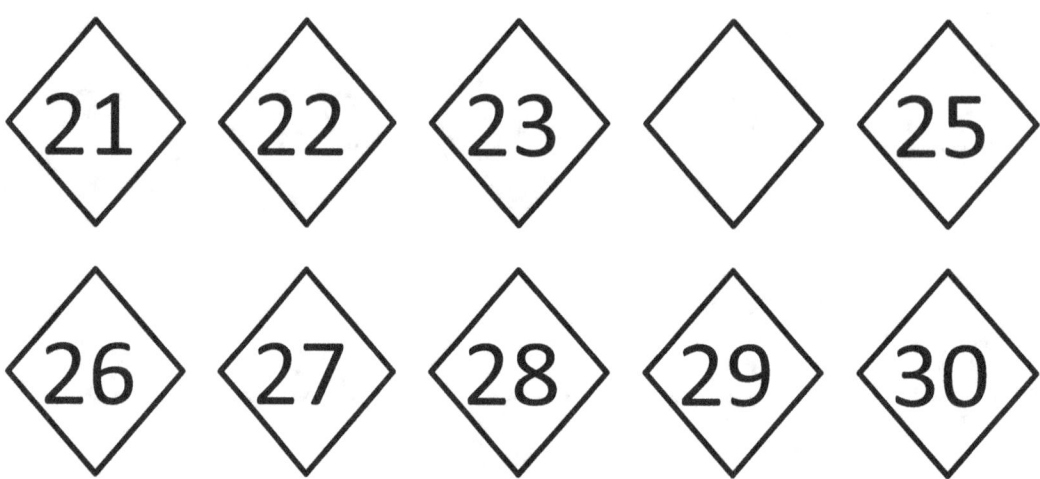

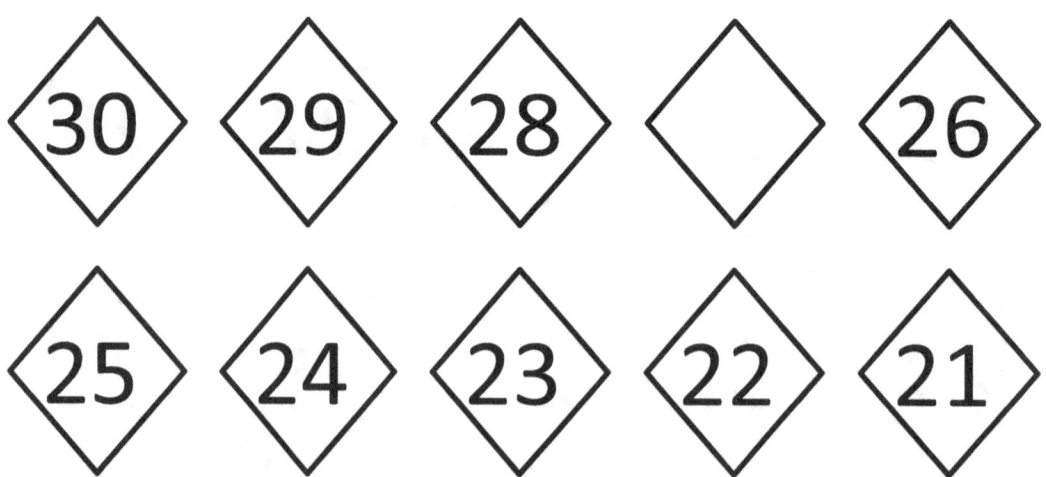

Idatzi falta diren zenbakiak.

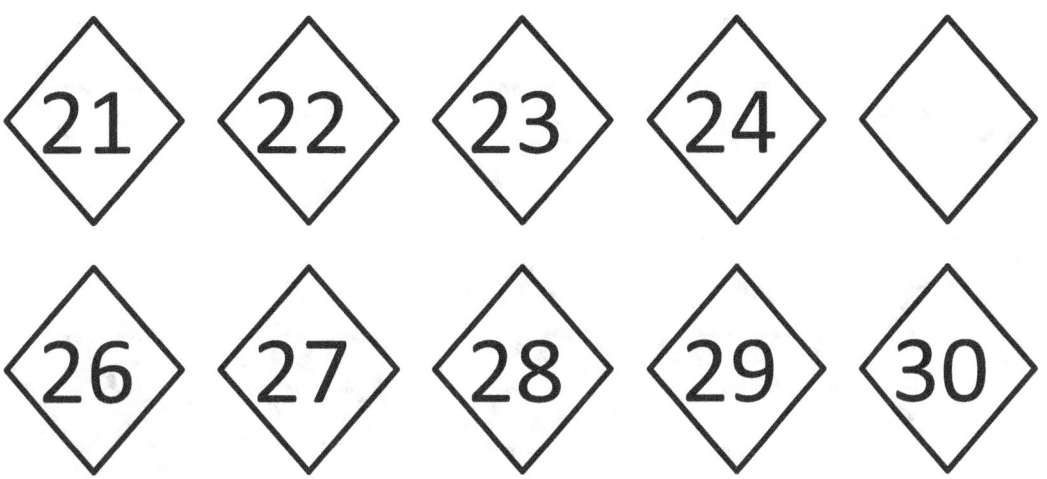

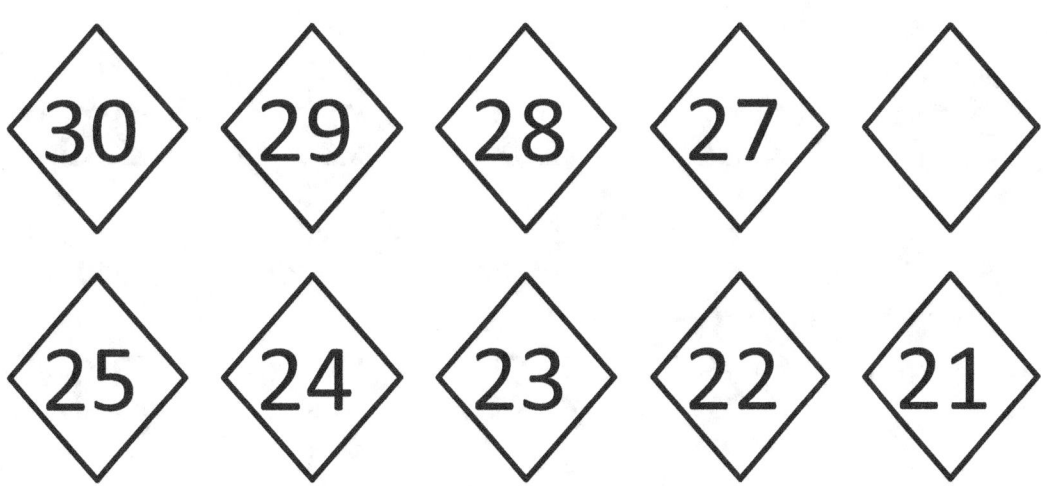

Idatzi falta diren zenbakiak.

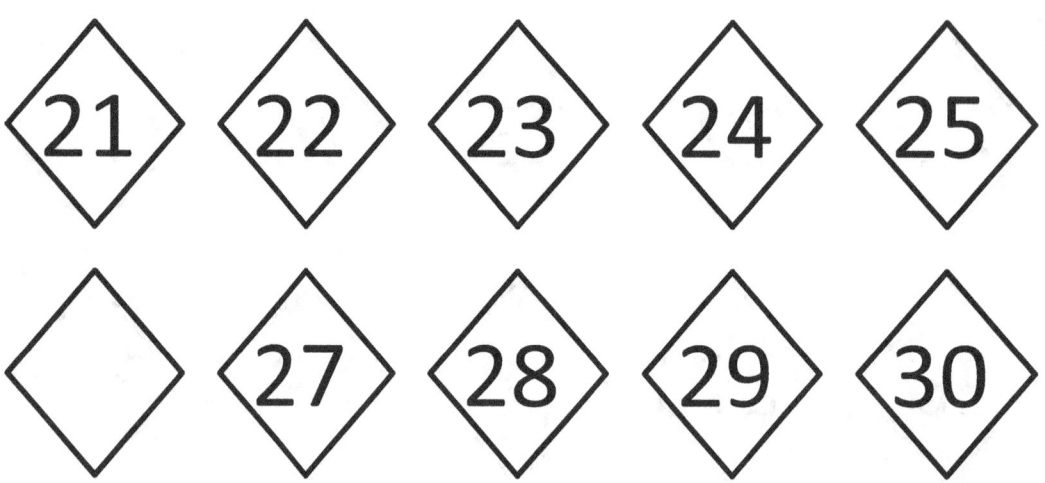

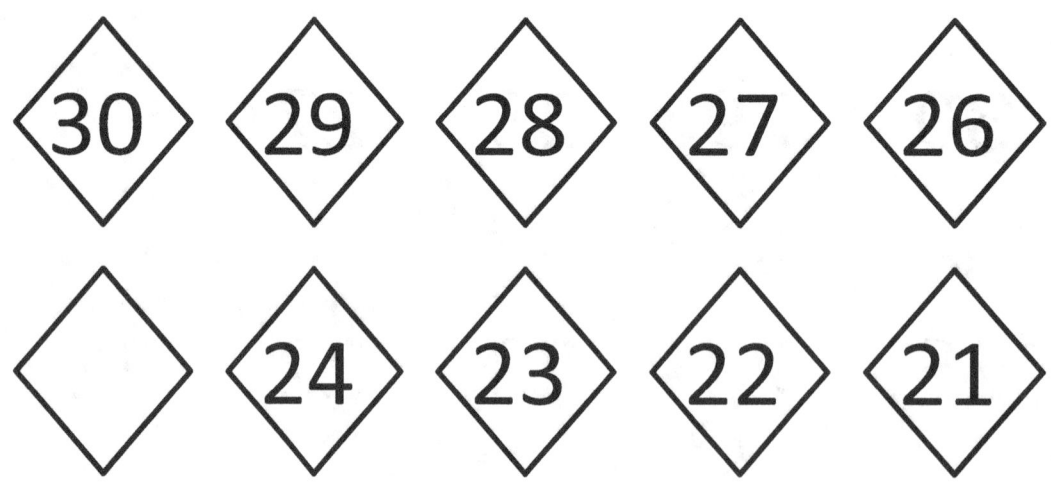

Idatzi falta diren zenbakiak.

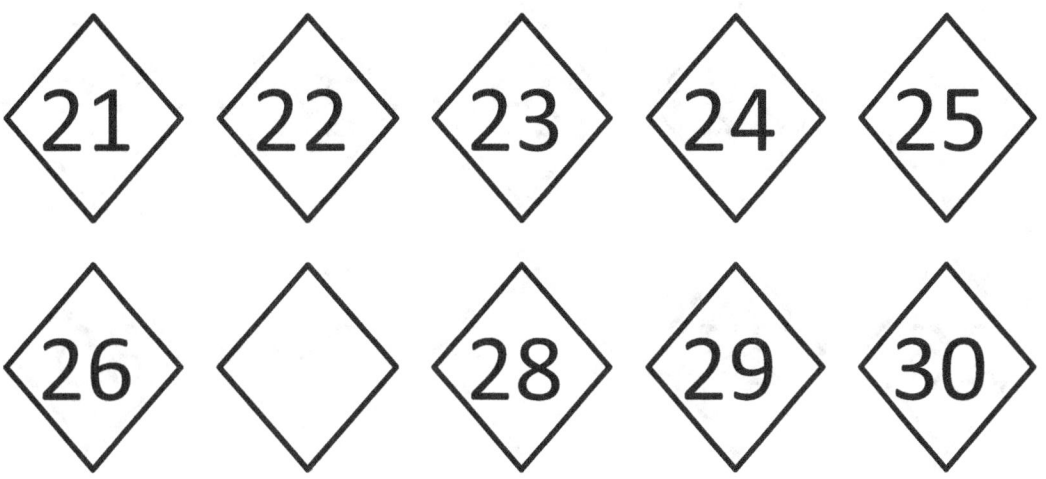

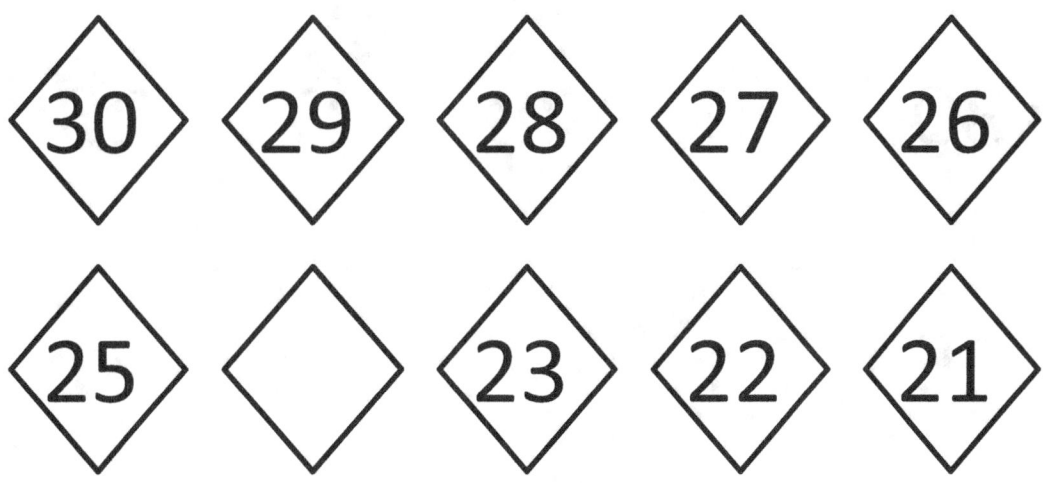

Idatzi falta diren zenbakiak.

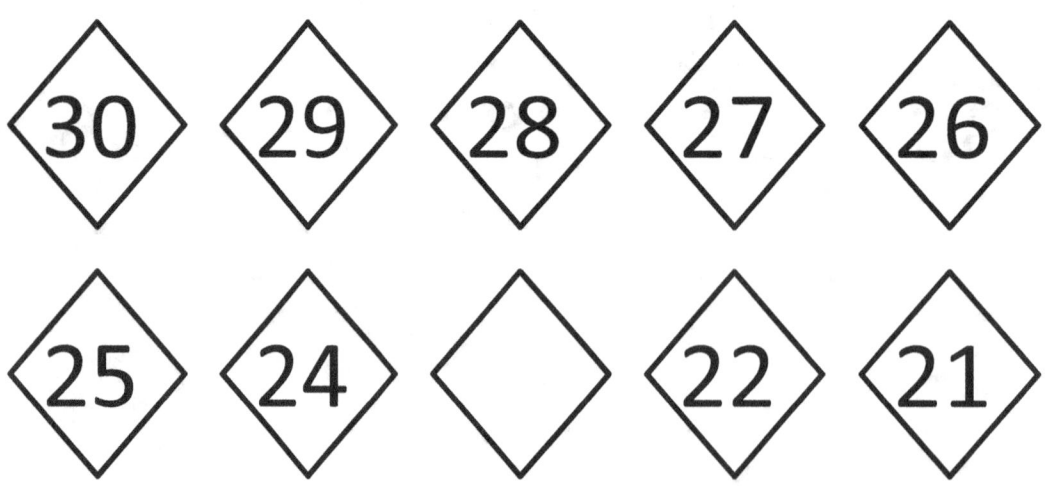

Idatzi falta diren zenbakiak.

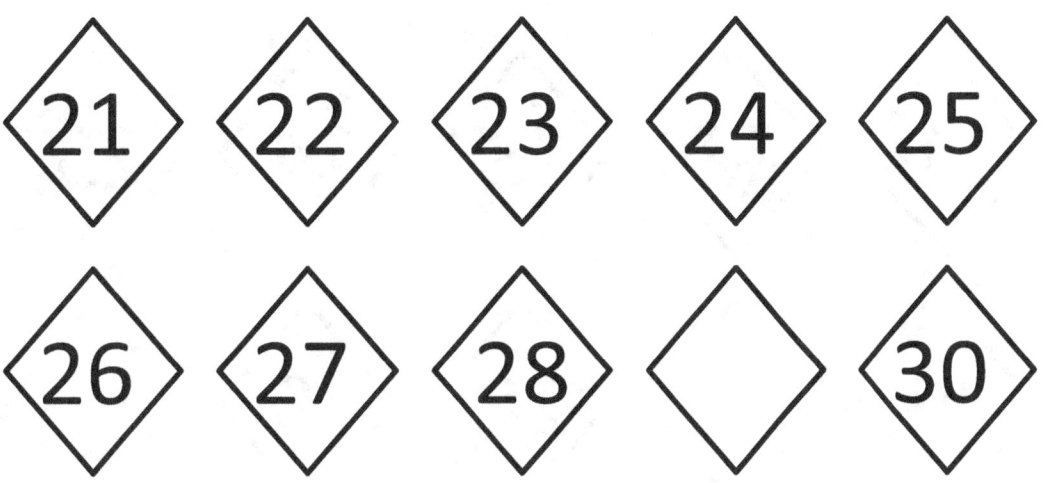

Idatzi falta diren zenbakiak.

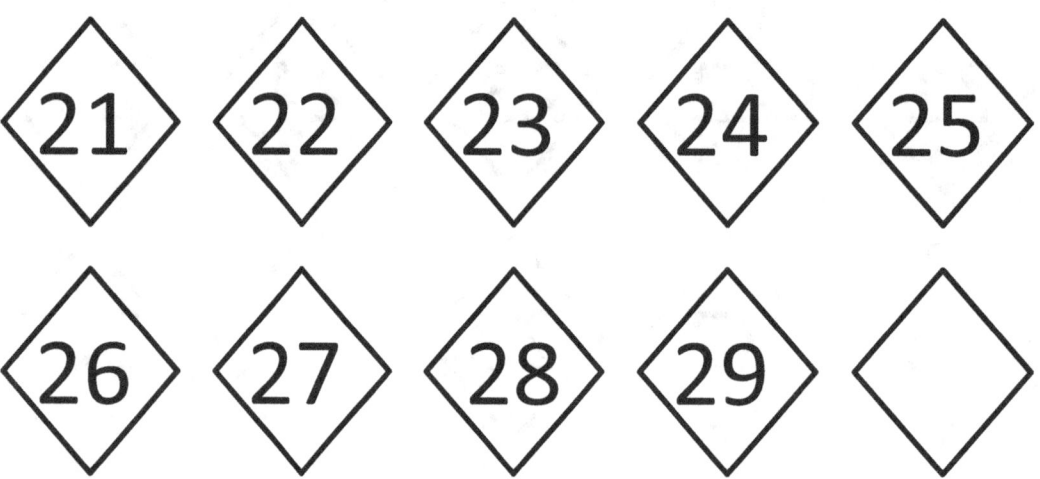

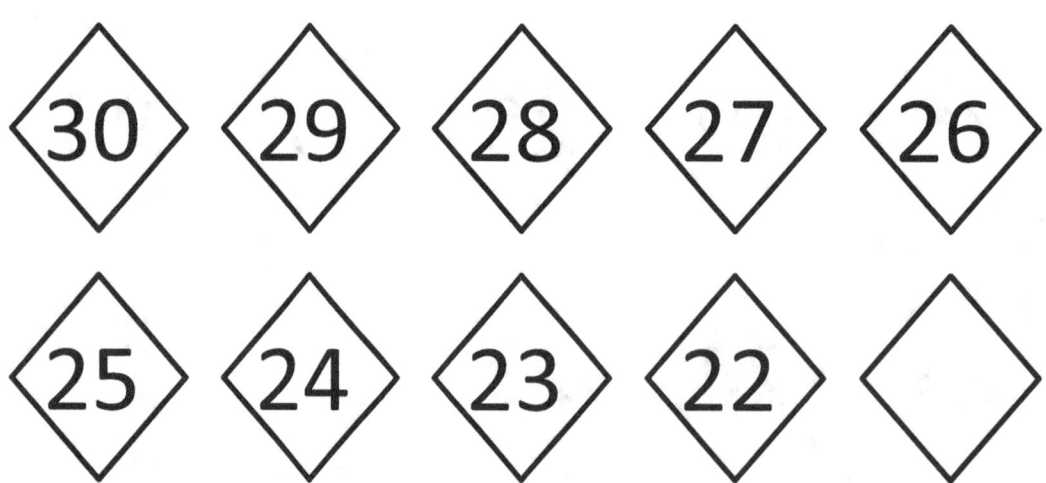

Idatzi falta diren zenbakiak.

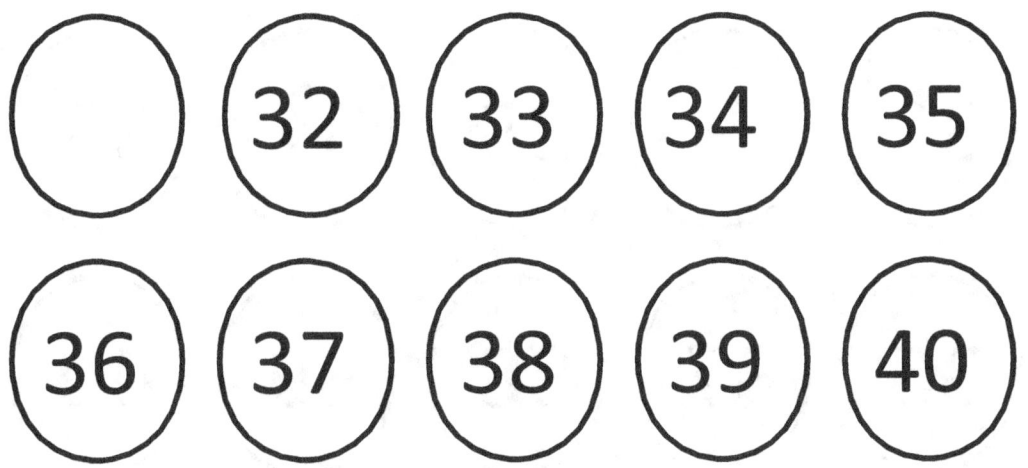

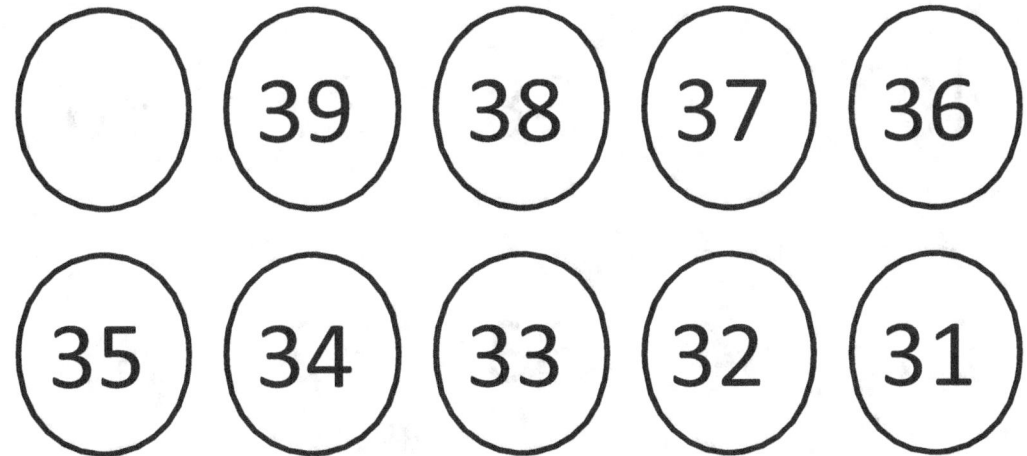

Idatzi falta diren zenbakiak.

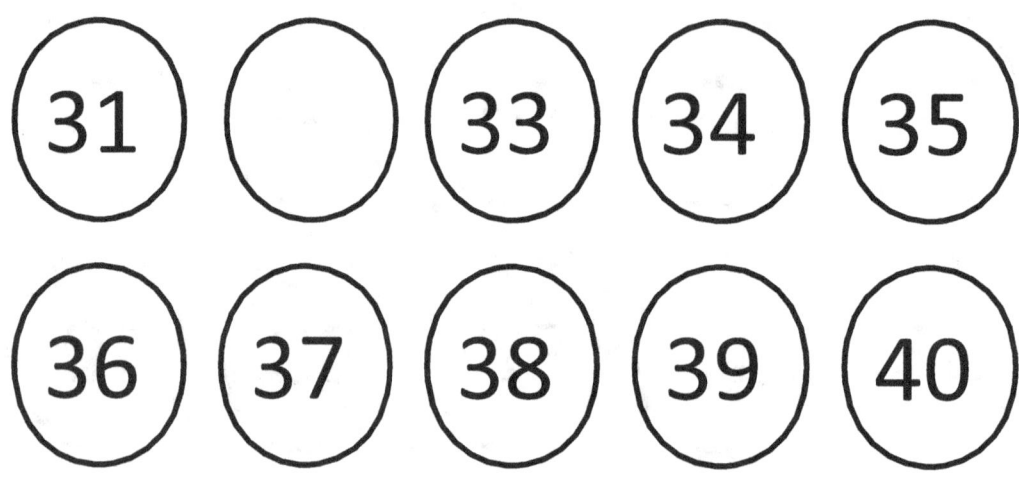

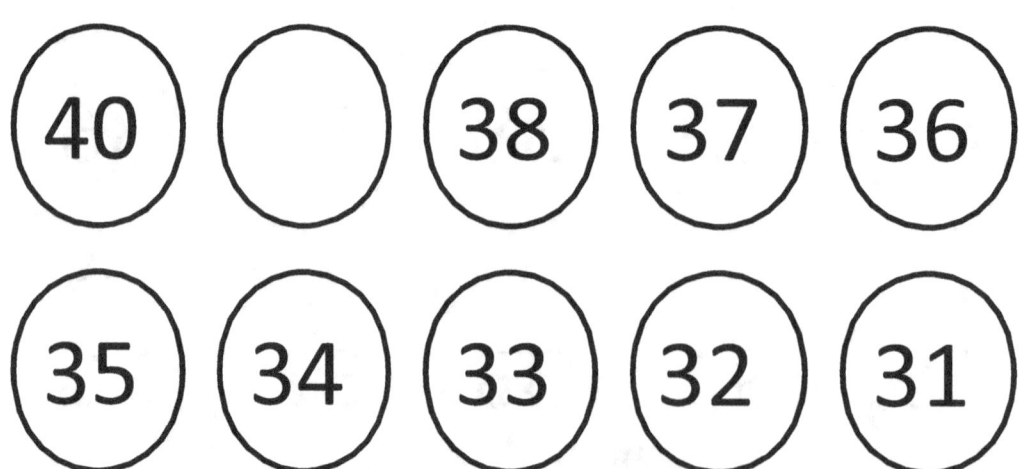

Idatzi falta diren zenbakiak.

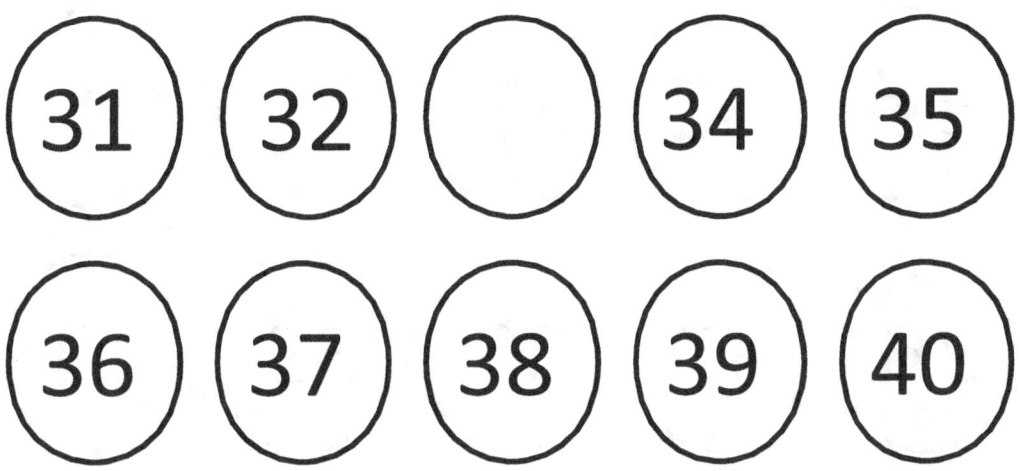

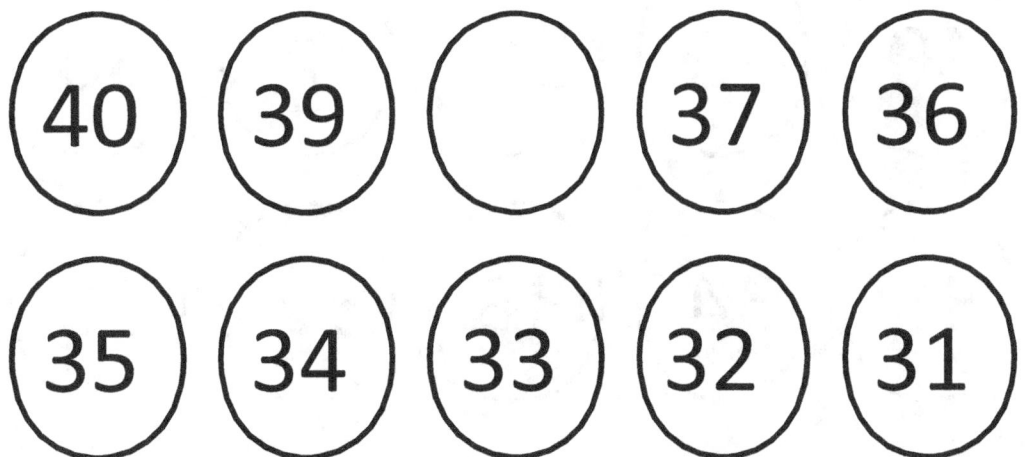

Idatzi falta diren zenbakiak.

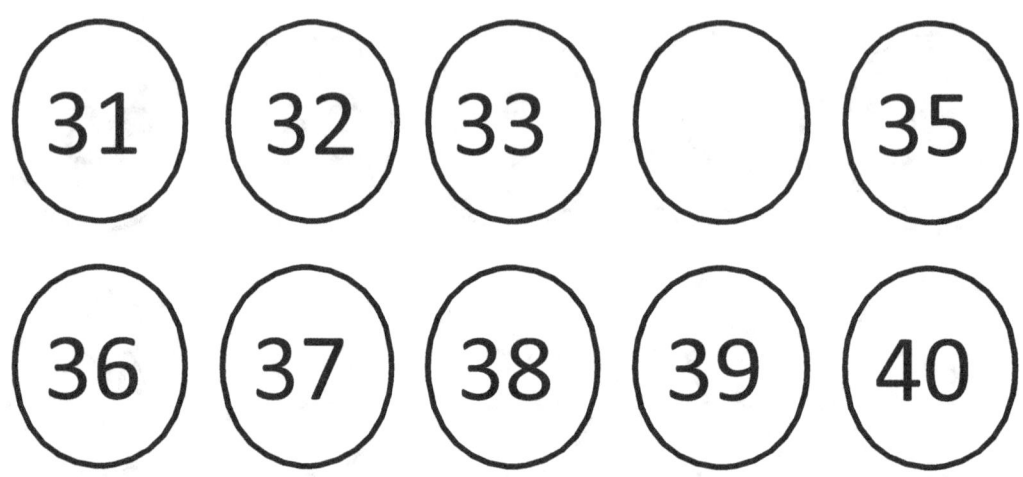

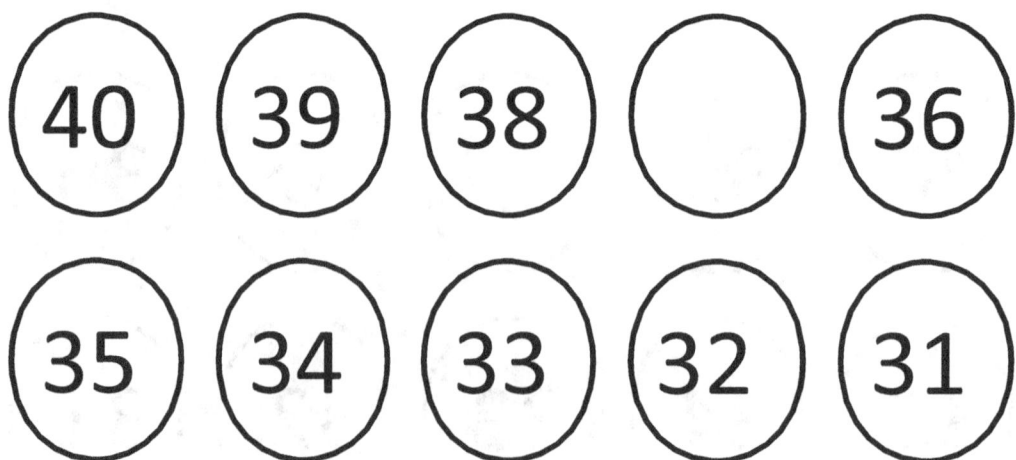

Idatzi falta diren zenbakiak.

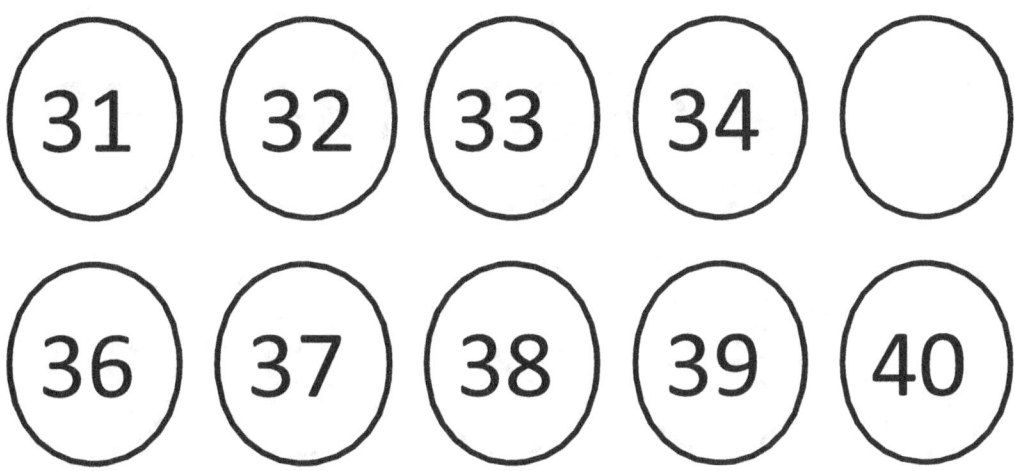

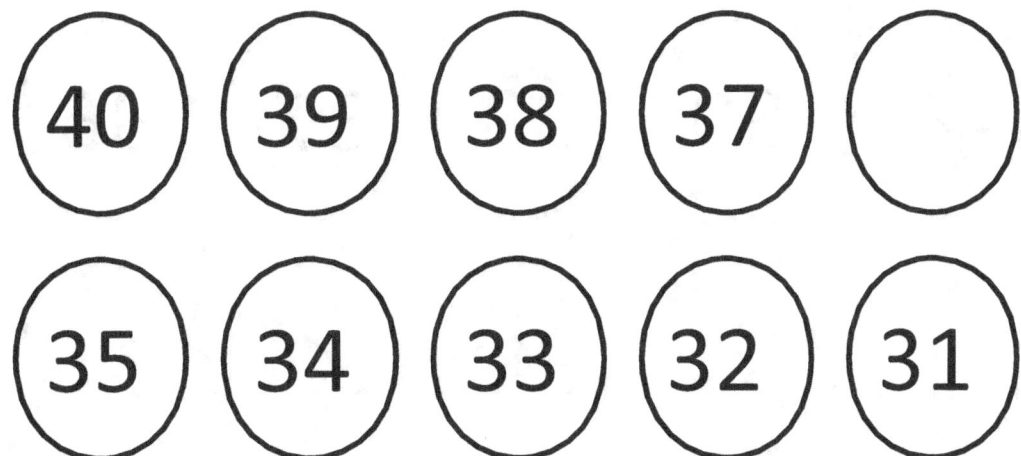

Idatzi falta diren zenbakiak.

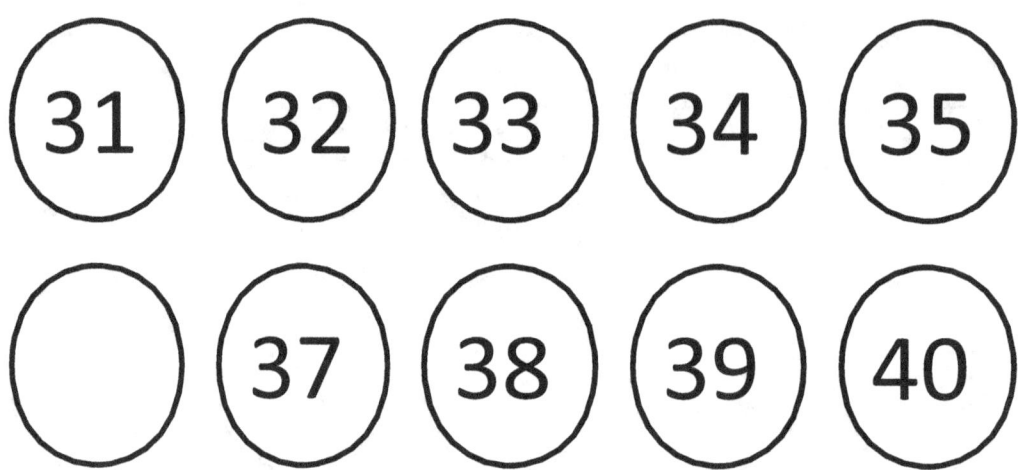

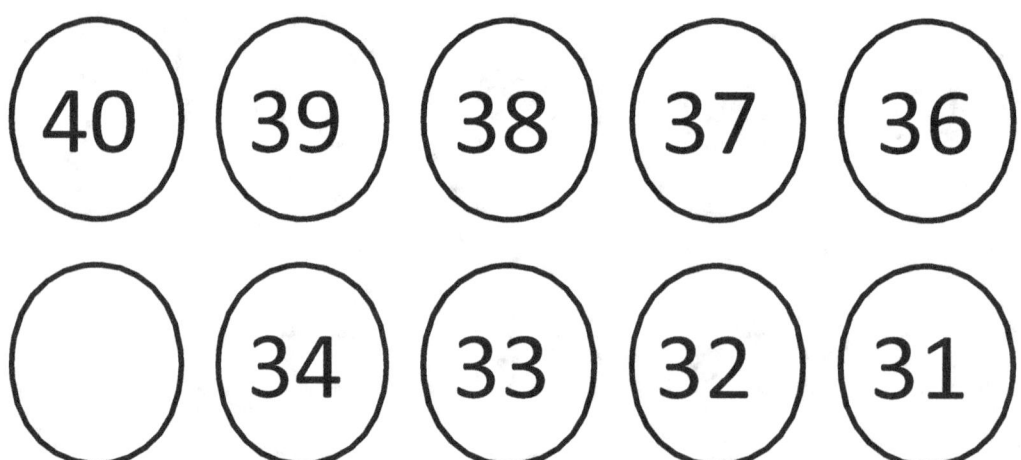

Idatzi falta diren zenbakiak.

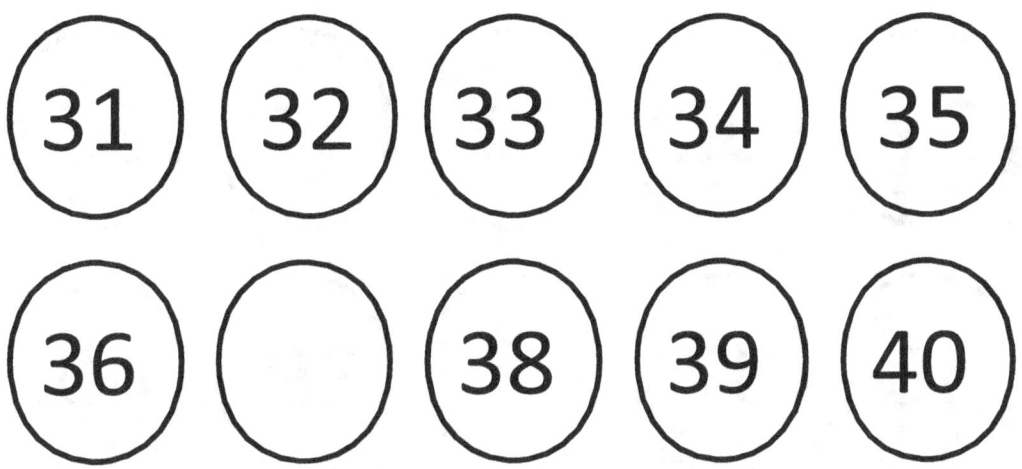

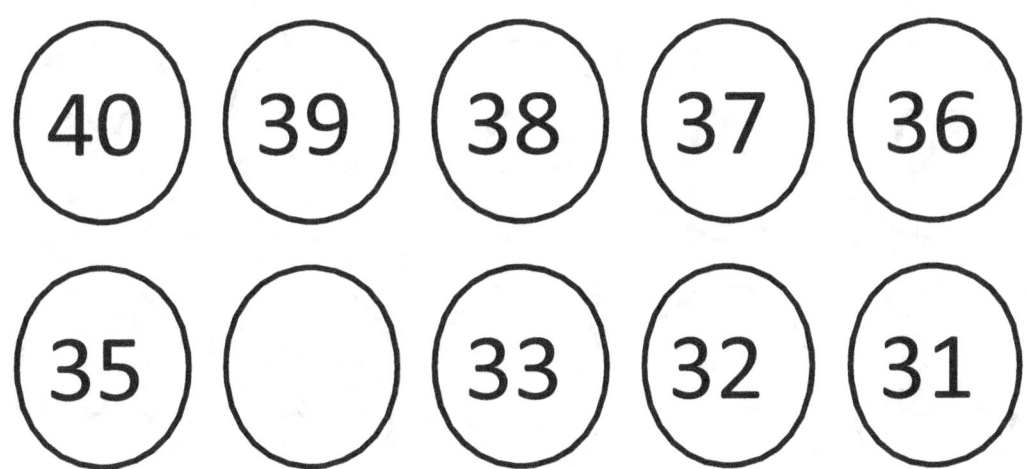

Idatzi falta diren zenbakiak.

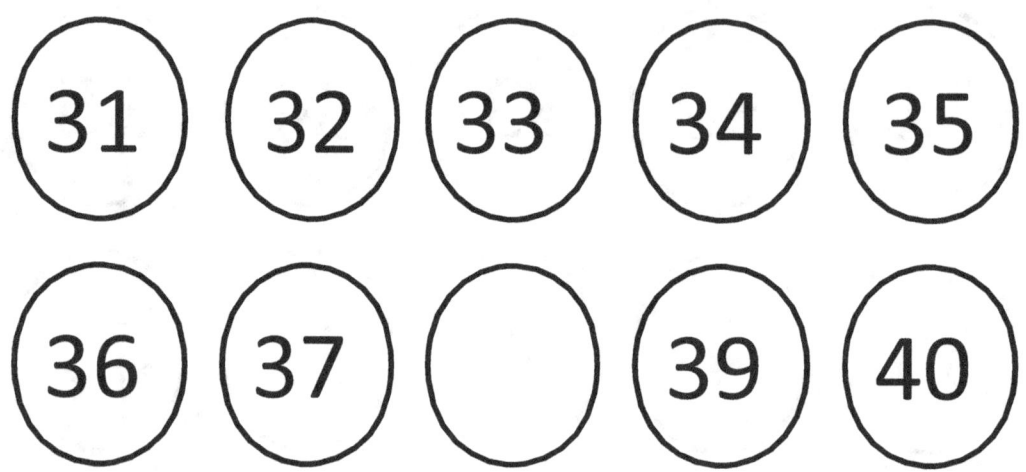

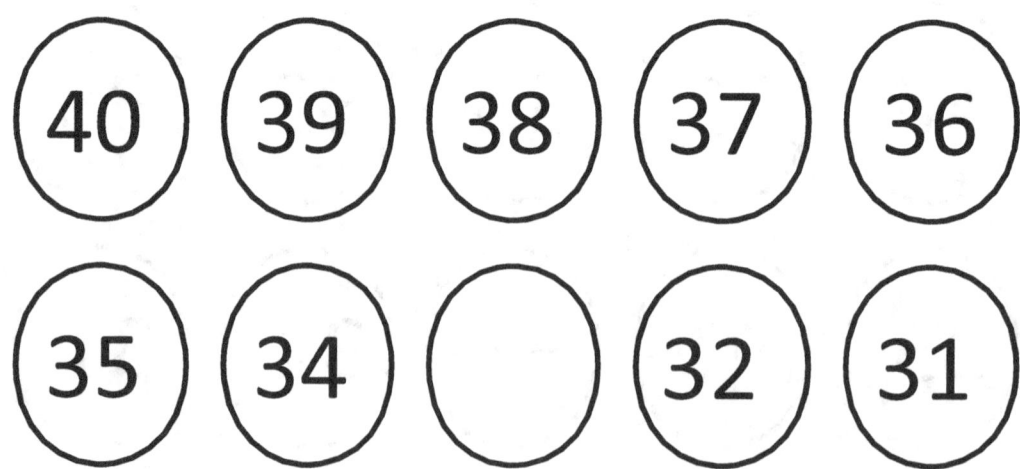

Idatzi falta diren zenbakiak.

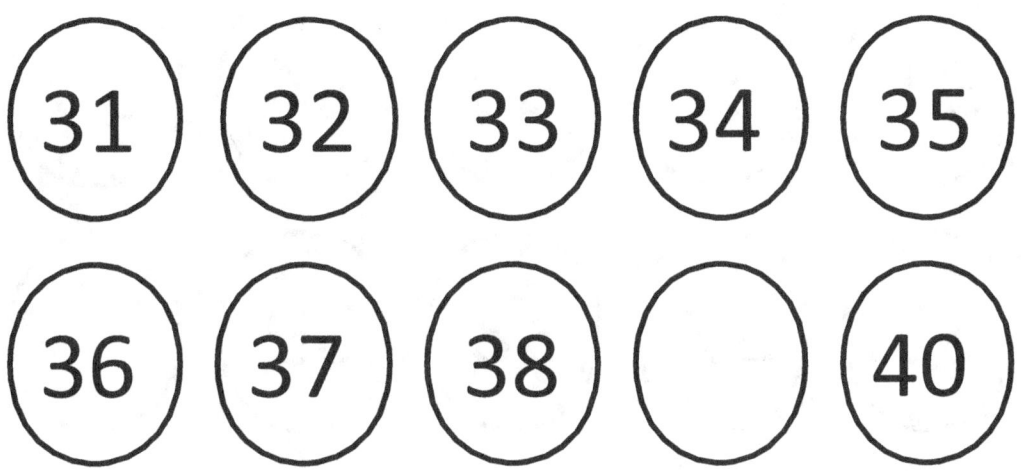

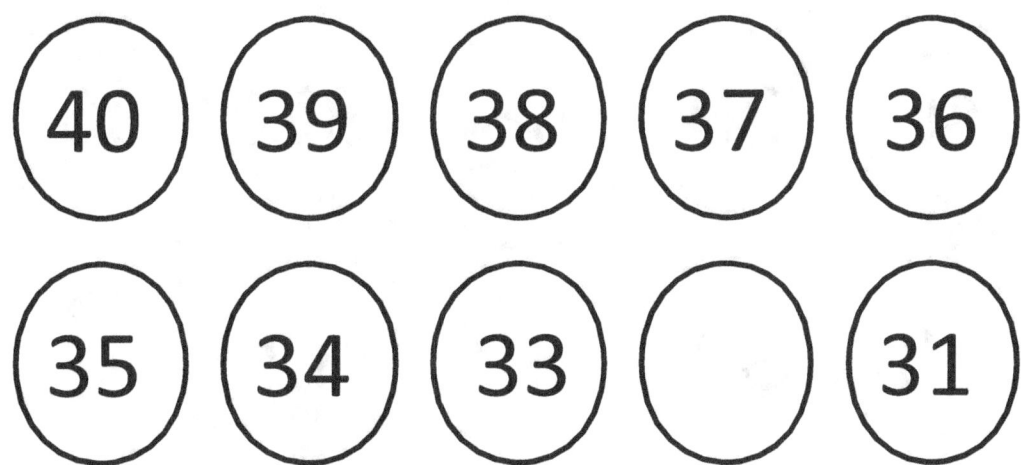

Idatzi falta diren zenbakiak.

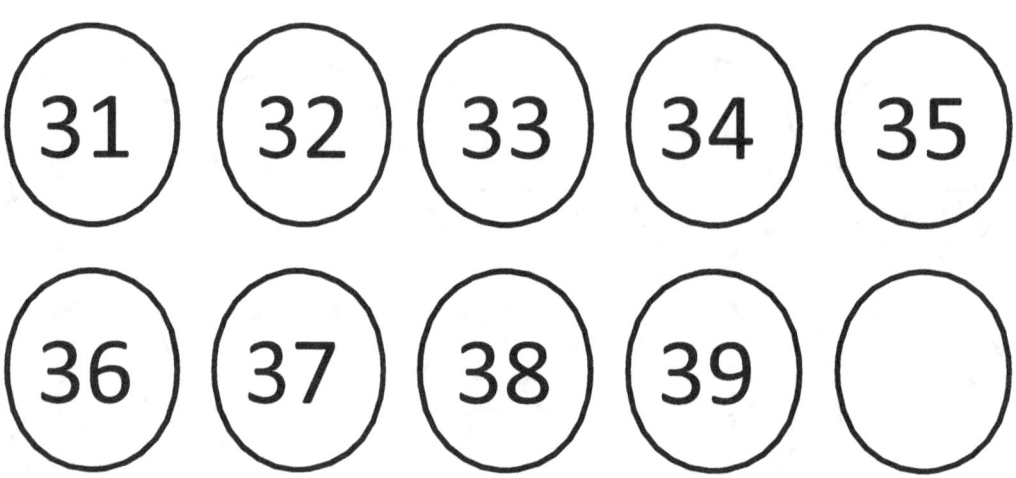

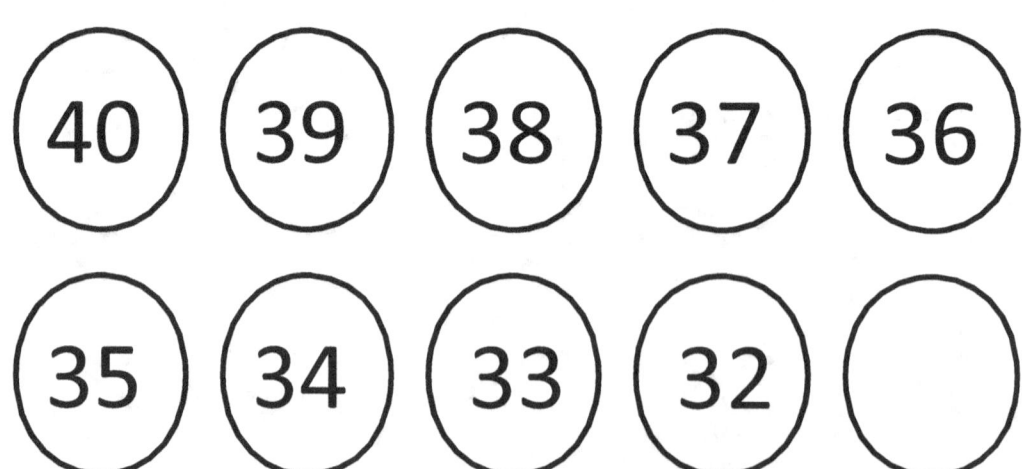

Idatzi falta diren zenbakiak.

Idatzi falta diren zenbakiak.

Idatzi falta diren zenbakiak.

Idatzi falta diren zenbakiak.

Idatzi falta diren zenbakiak.

Idatzi falta diren zenbakiak.

Idatzi falta diren zenbakiak.

Idatzi falta diren zenbakiak.

Idatzi falta diren zenbakiak.

Idatzi falta diren zenbakiak.

Idatzi falta diren zenbakiak.

	52	53	54	55
56	57	58	59	60

	59	58	57	56
55	54	53	52	51

Idatzi falta diren zenbakiak.

51		53	54	55
56	57	58	59	60

60		58	57	56
55	54	53	52	51

Idatzi falta diren zenbakiak.

| 51 | 52 | | 54 | 55 |
| 56 | 57 | 58 | 59 | 60 |

| 60 | 59 | | 57 | 56 |
| 55 | 54 | 53 | 52 | 51 |

Idatzi falta diren zenbakiak.

51	52	53		55
56	57	58	59	60

60	59	58		56
55	54	53	52	51

Idatzi falta diren zenbakiak.

51	52	53	54	
56	57	58	59	60

60	59	58	57	
55	54	53	52	51

Idatzi falta diren zenbakiak.

51	52	53	54	55
	57	58	59	60

60	59	58	57	56
	54	53	52	51

Idatzi falta diren zenbakiak.

51	52	53	54	55
56		58	59	60

60	59	58	57	56
55		53	52	51

Idatzi falta diren zenbakiak.

51	52	53	54	55
56	57		59	60

60	59	58	57	56
55	54		52	51

Idatzi falta diren zenbakiak.

| 51 | 52 | 53 | 54 | 55 |
| 56 | 57 | 58 | | 60 |

| 60 | 59 | 58 | 57 | 56 |
| 55 | 54 | 53 | | 51 |

Idatzi falta diren zenbakiak.

51	52	53	54	55
56	57	58	59	

60	59	58	57	56
55	54	53	52	

Idatzi falta diren zenbakiak.

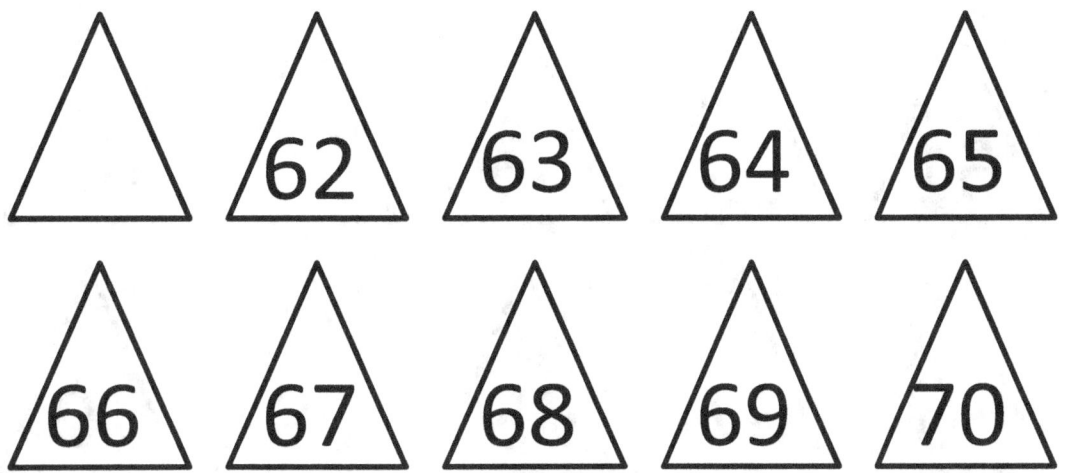

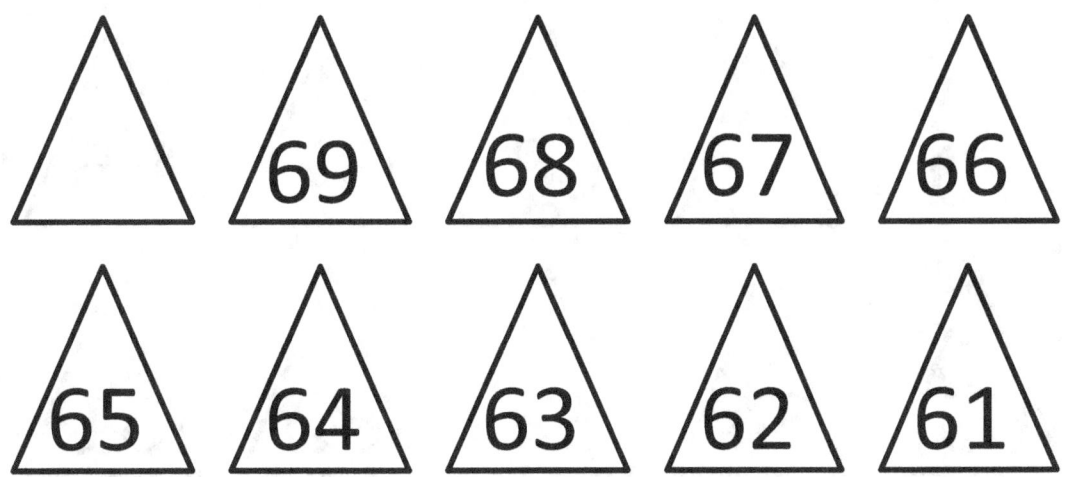

Idatzi falta diren zenbakiak.

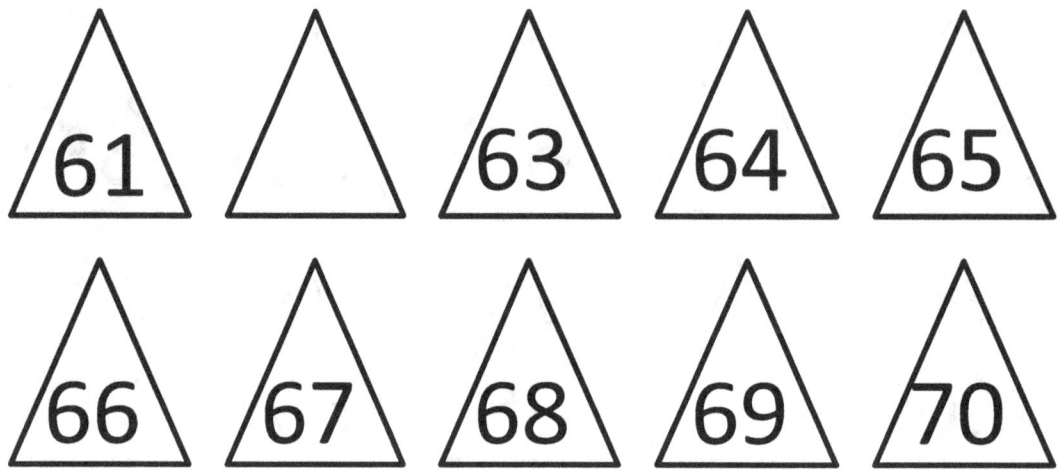

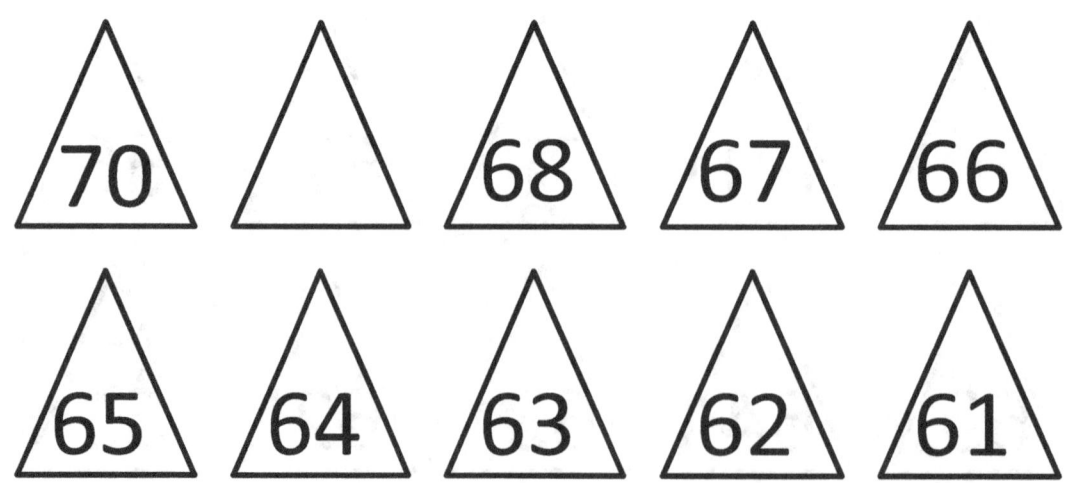

Idatzi falta diren zenbakiak.

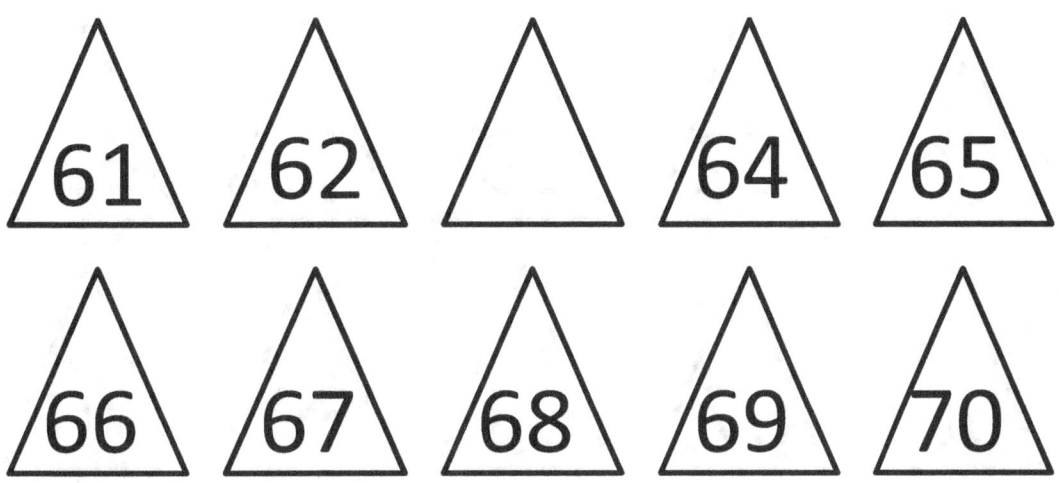

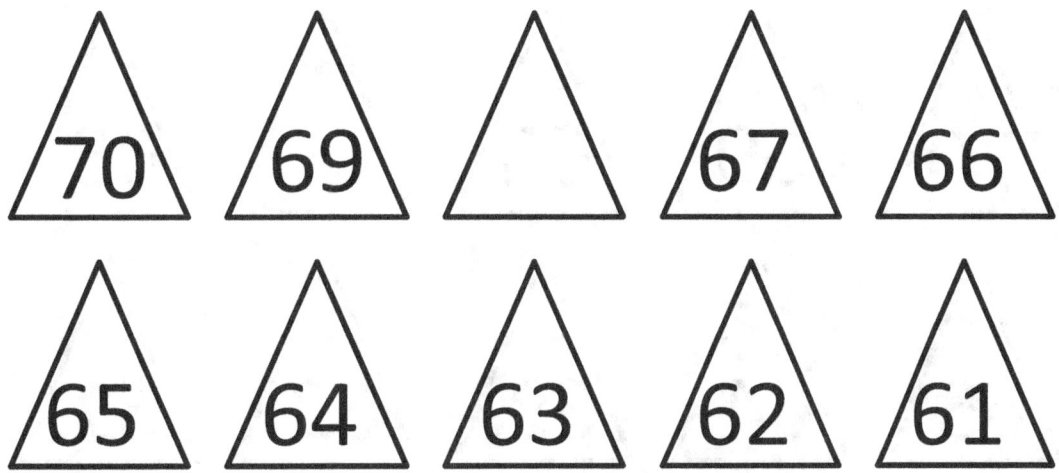

Idatzi falta diren zenbakiak.

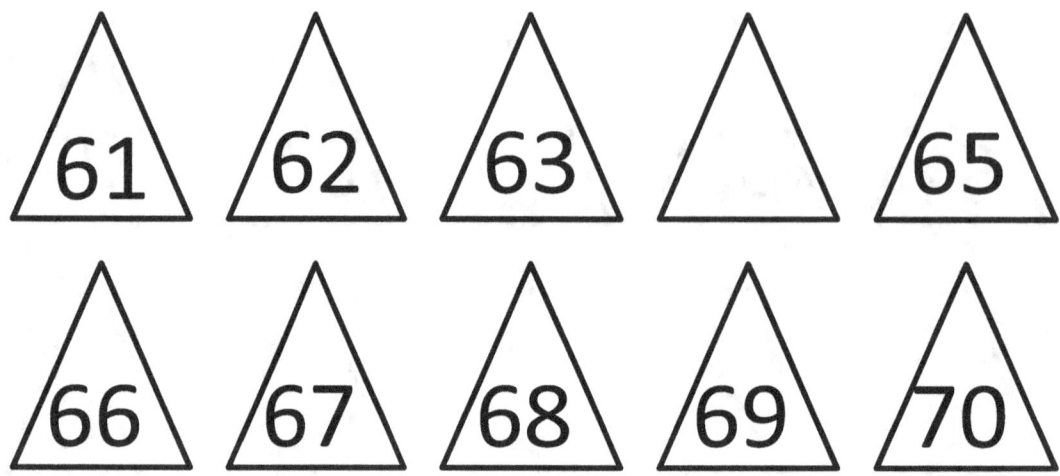

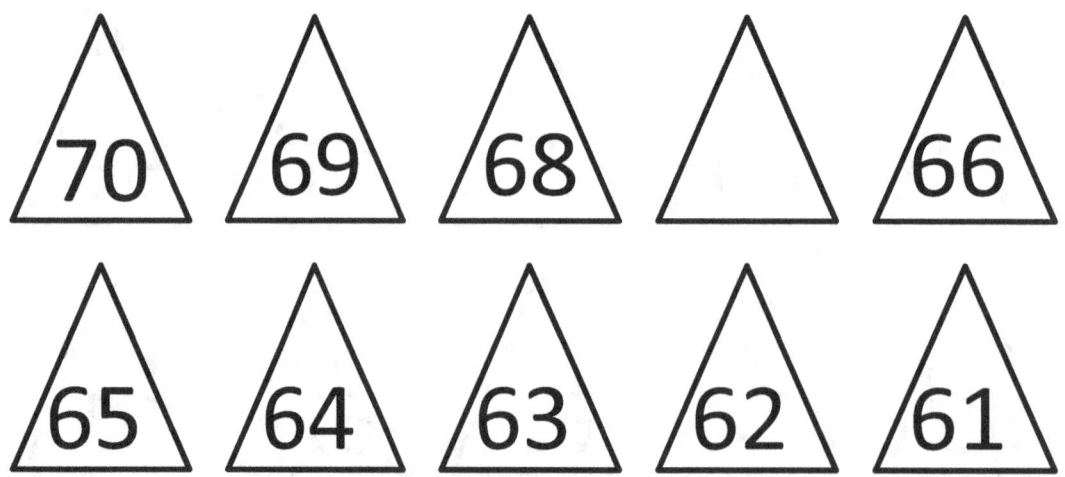

Idatzi falta diren zenbakiak.

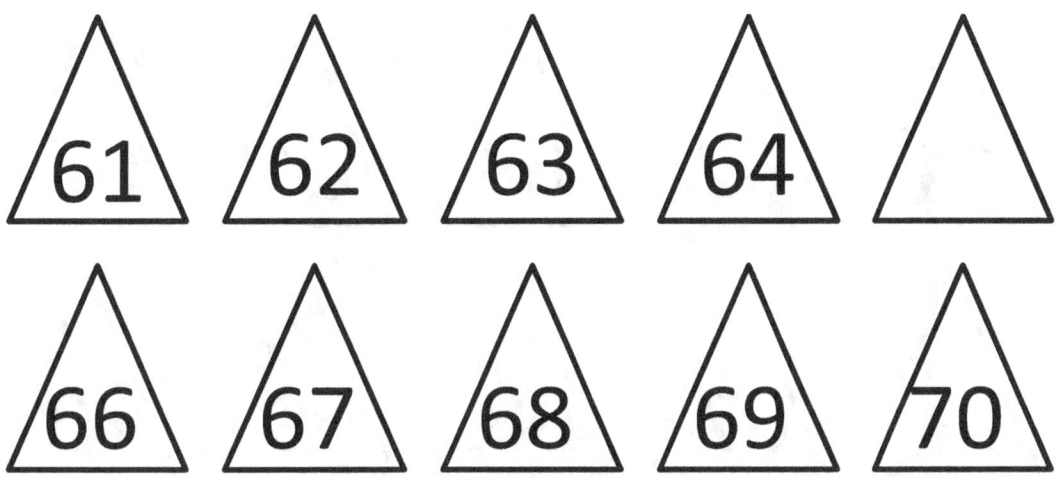

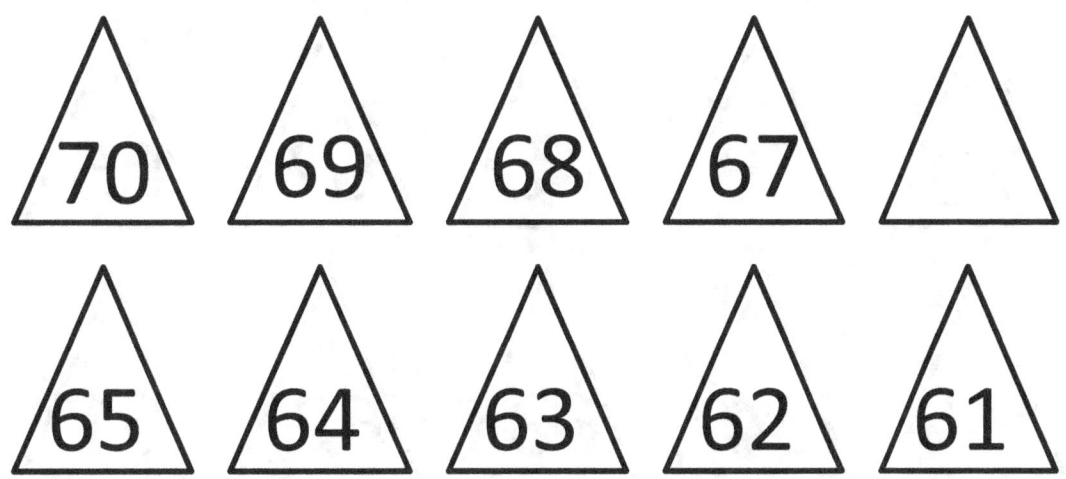

Idatzi falta diren zenbakiak.

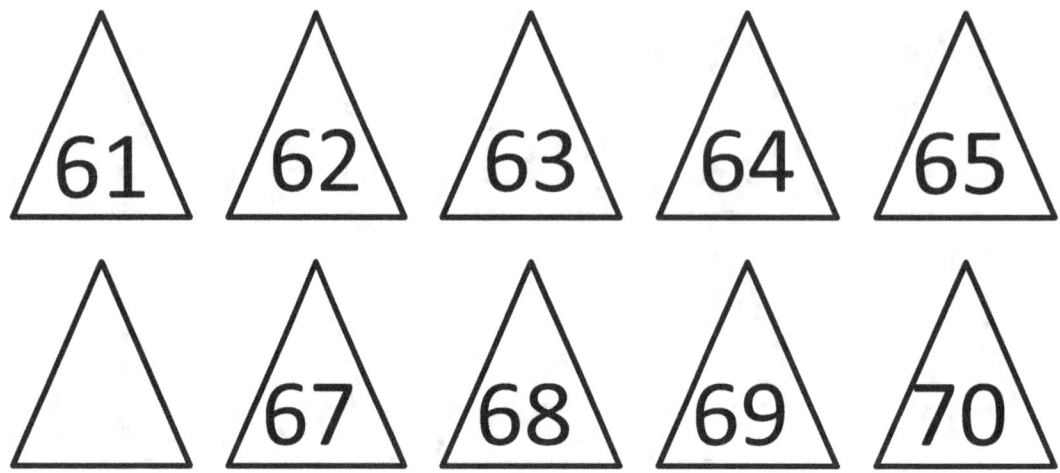

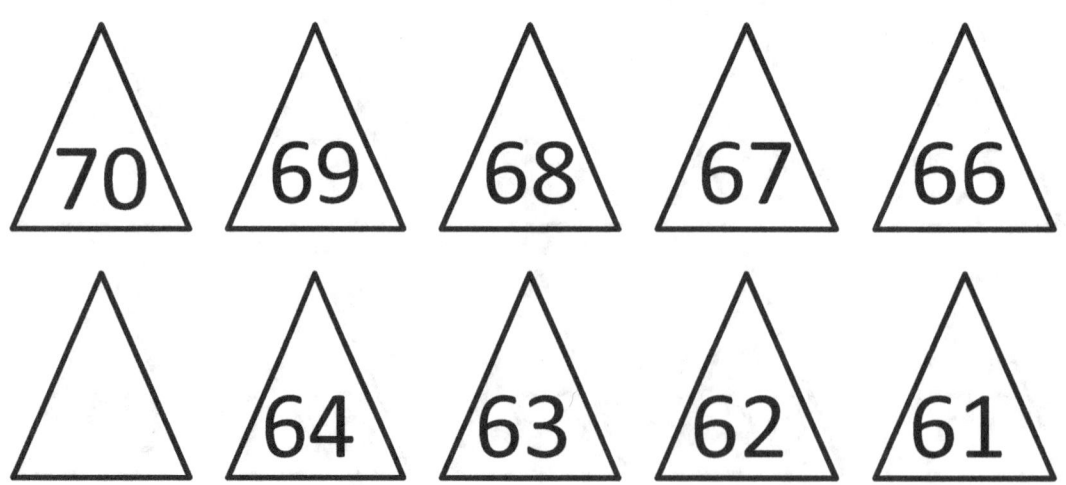

Idatzi falta diren zenbakiak.

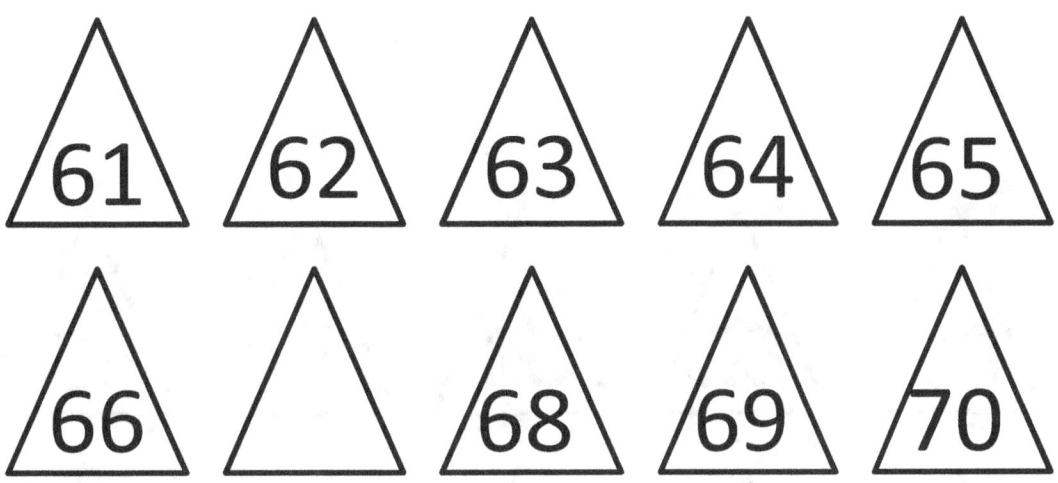

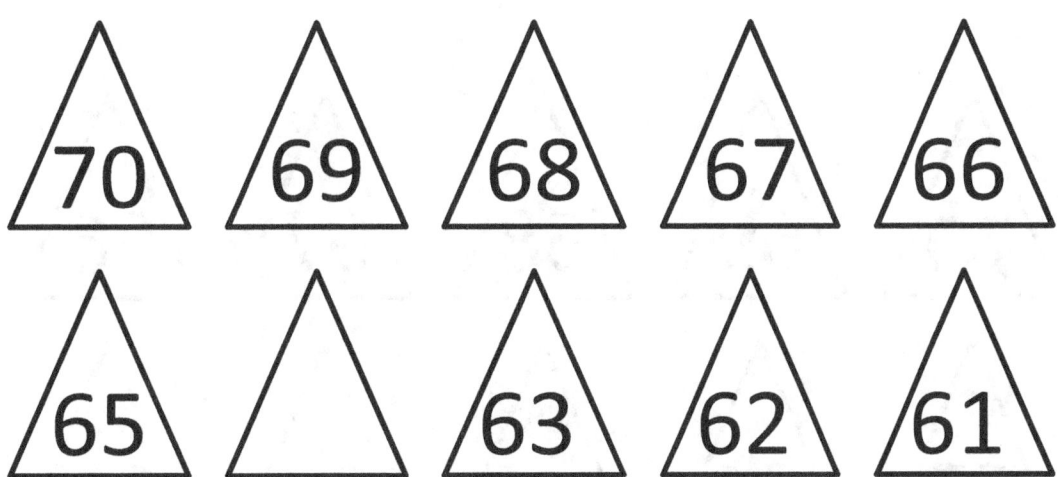

Idatzi falta diren zenbakiak.

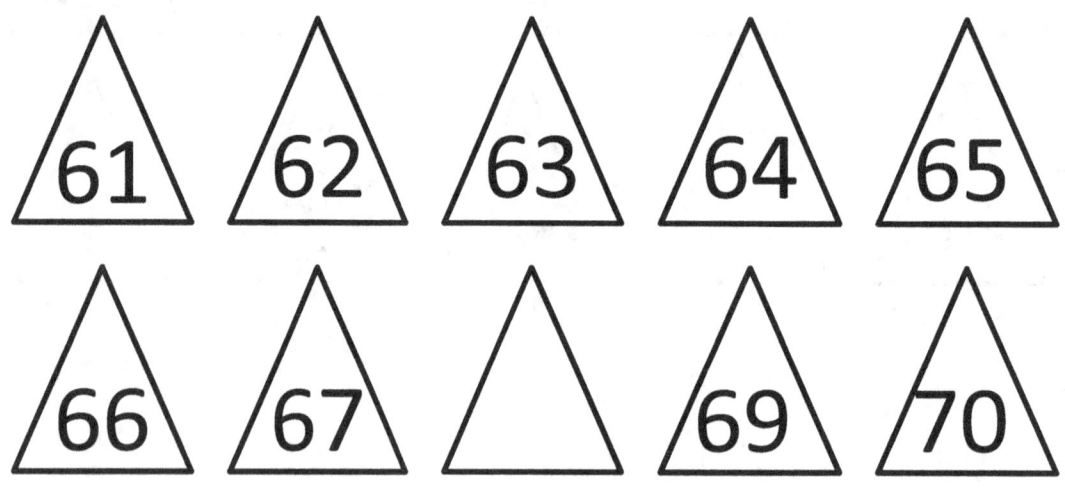

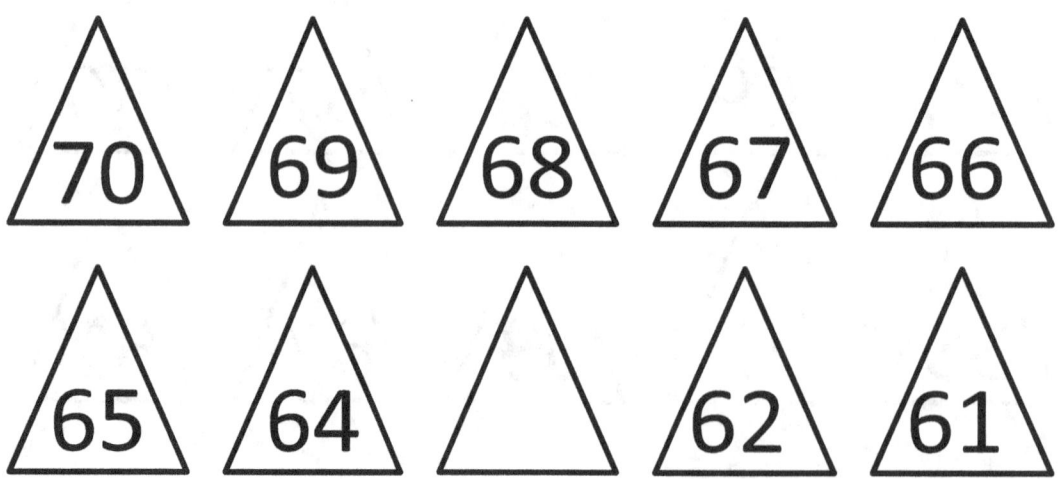

Idatzi falta diren zenbakiak.

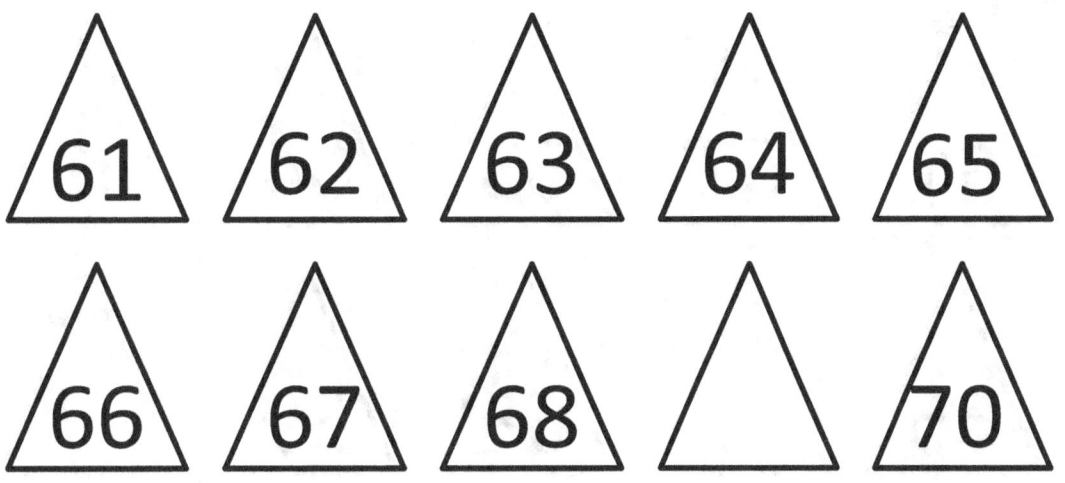

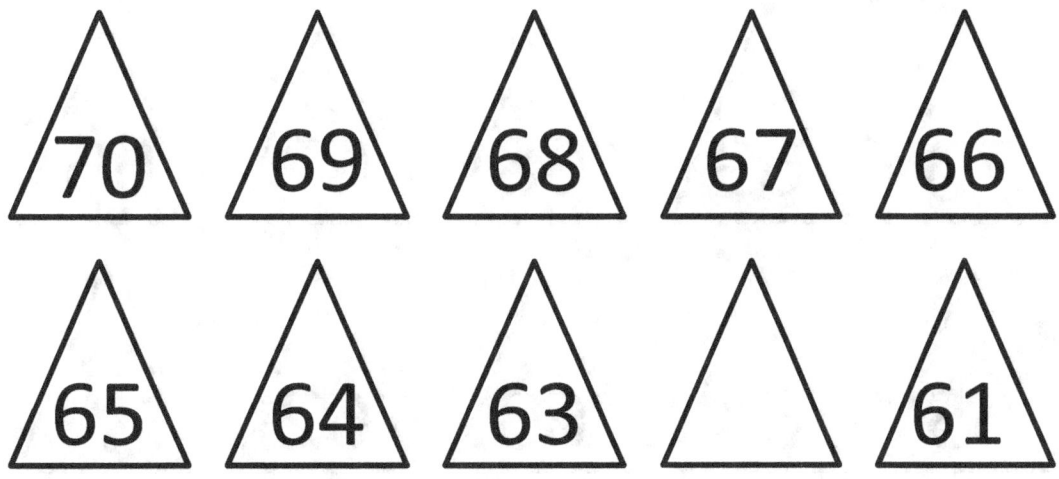

Idatzi falta diren zenbakiak.

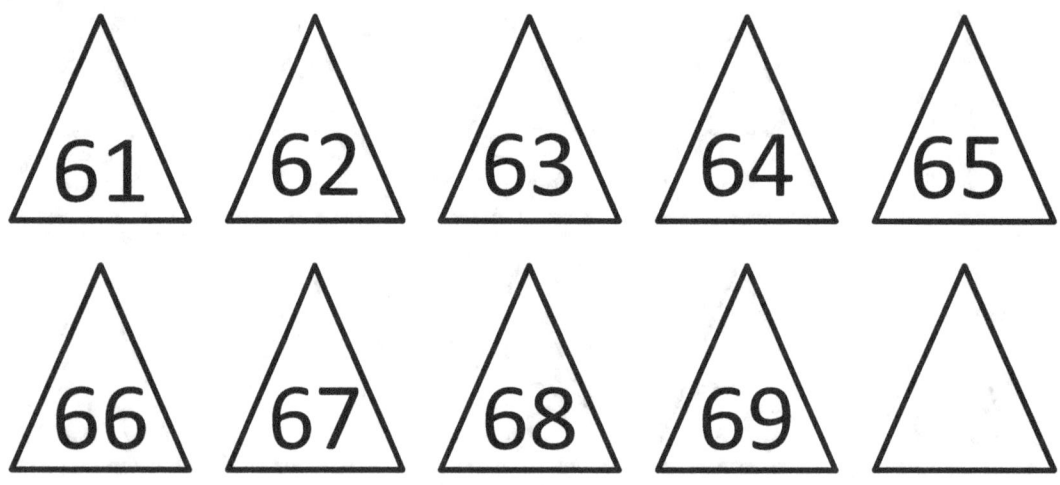

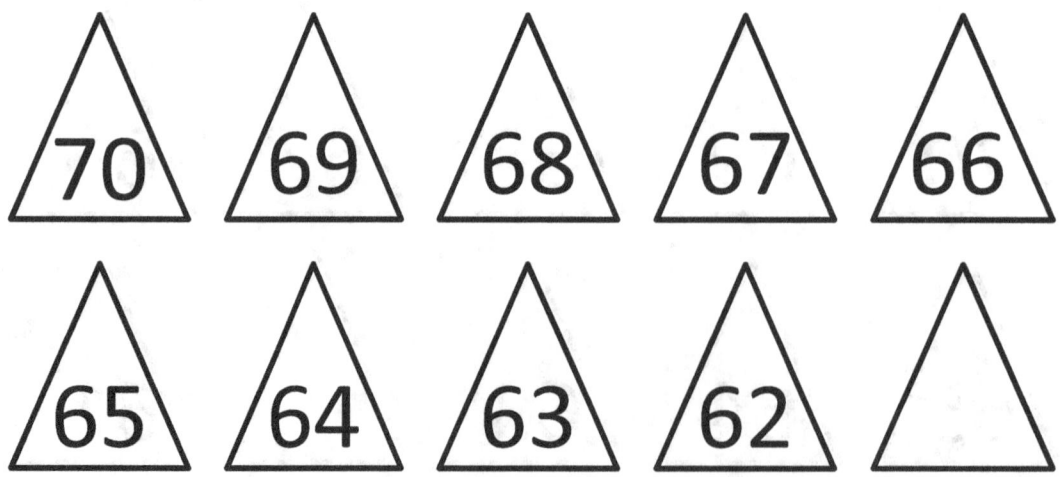

Idatzi falta diren zenbakiak.

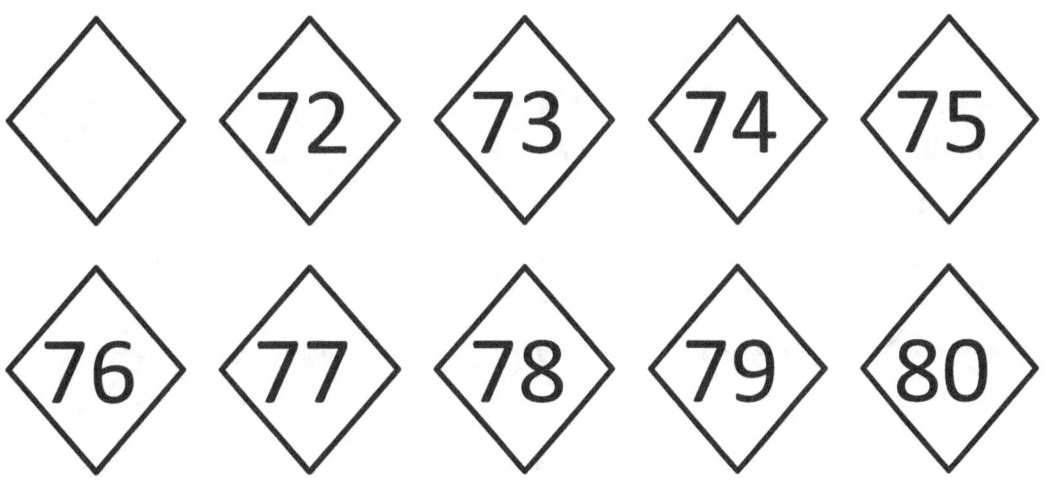

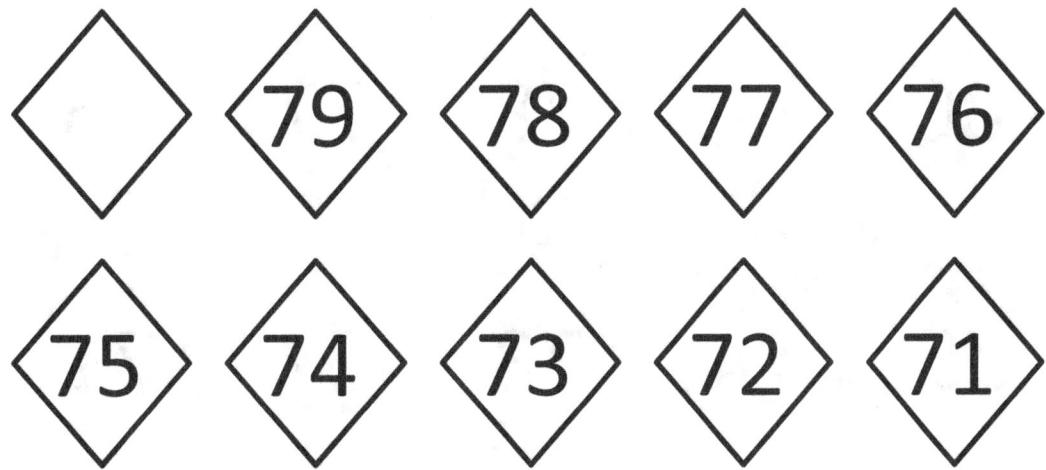

Idatzi falta diren zenbakiak.

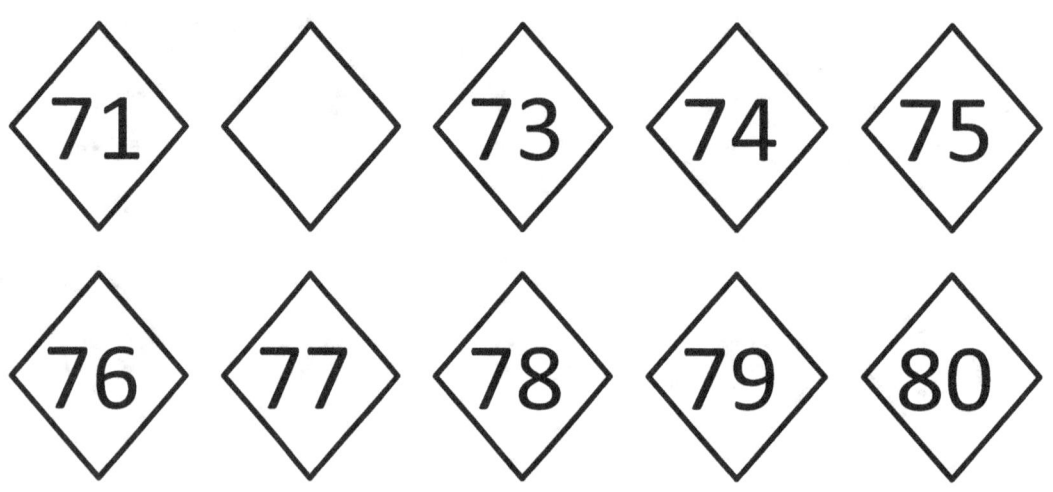

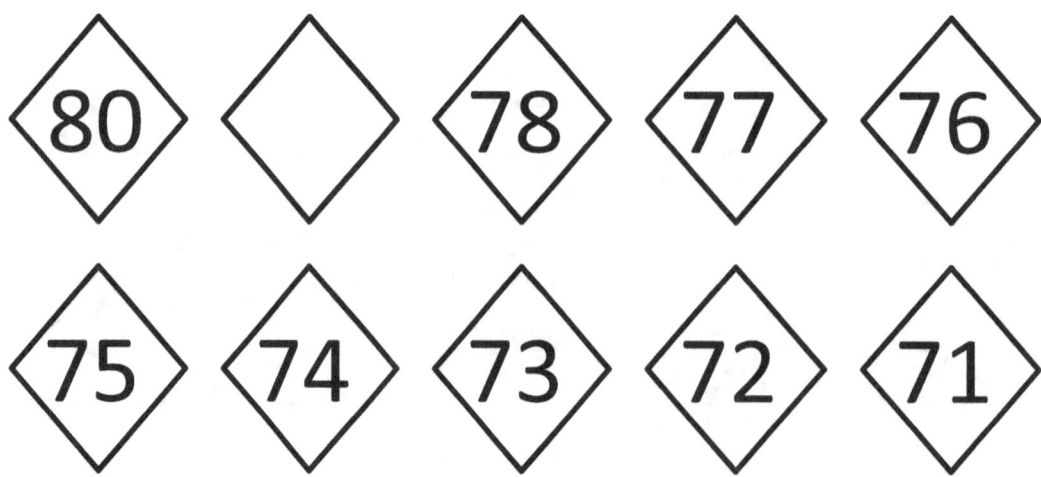

Idatzi falta diren zenbakiak.

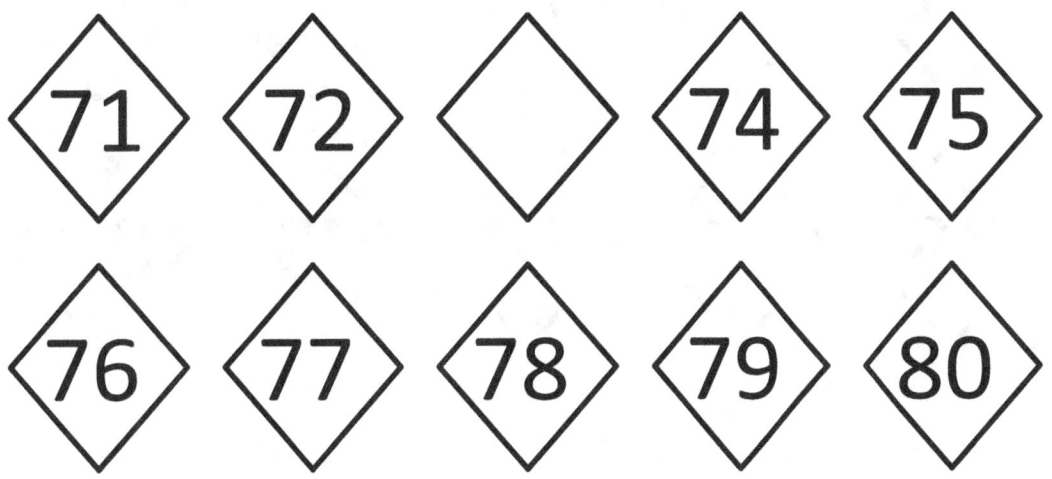

Idatzi falta diren zenbakiak.

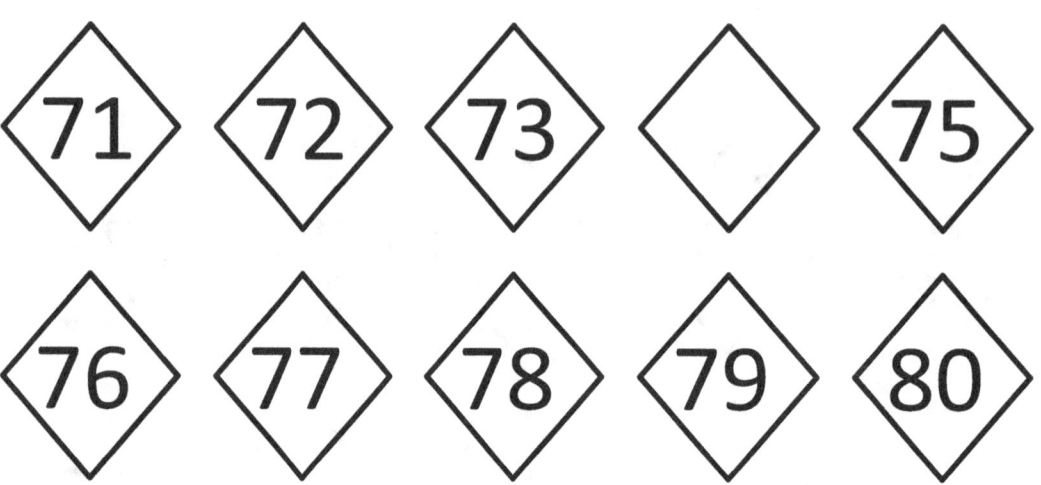

Idatzi falta diren zenbakiak.

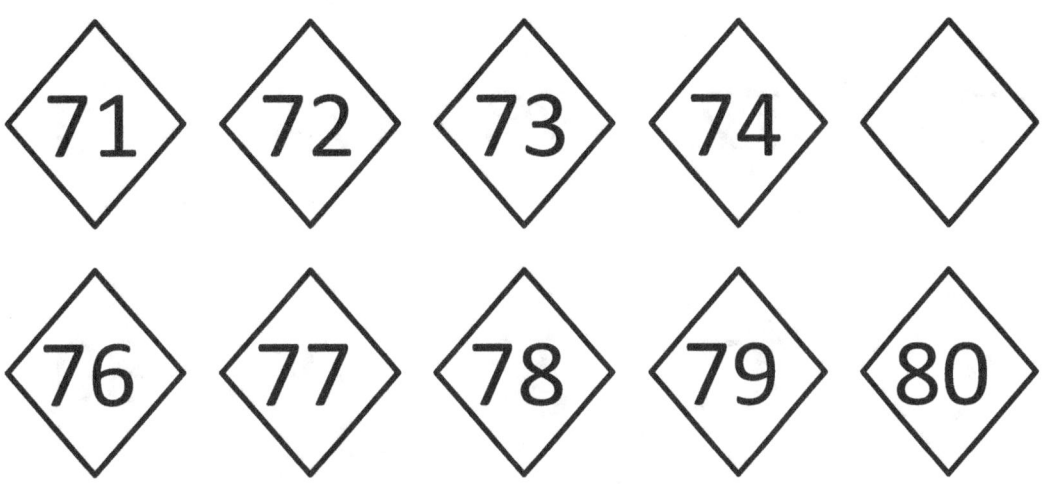

Idatzi falta diren zenbakiak.

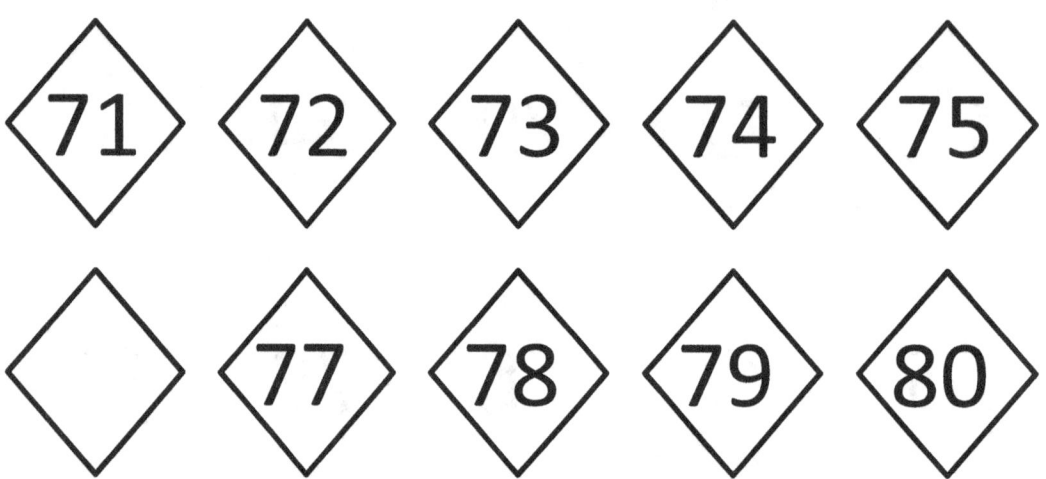

Idatzi falta diren zenbakiak.

Idatzi falta diren zenbakiak.

Idatzi falta diren zenbakiak.

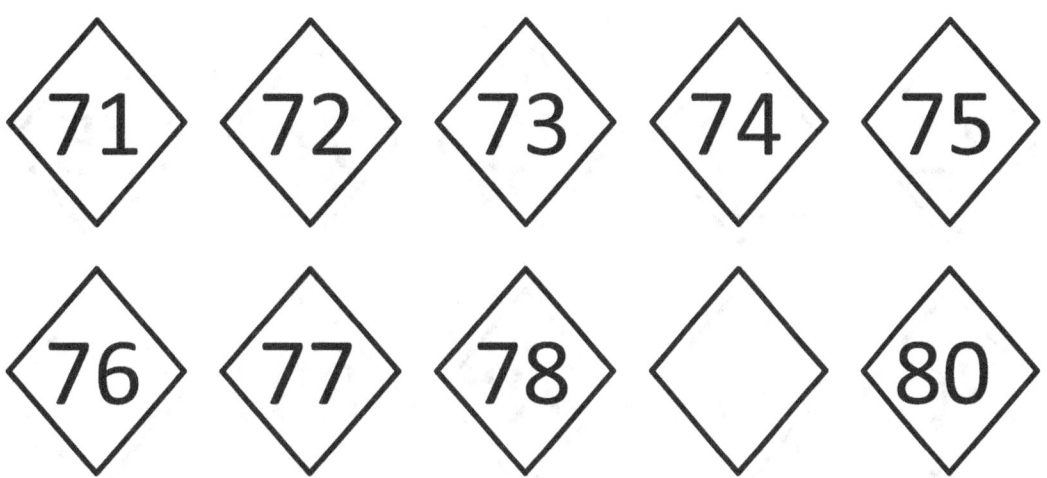

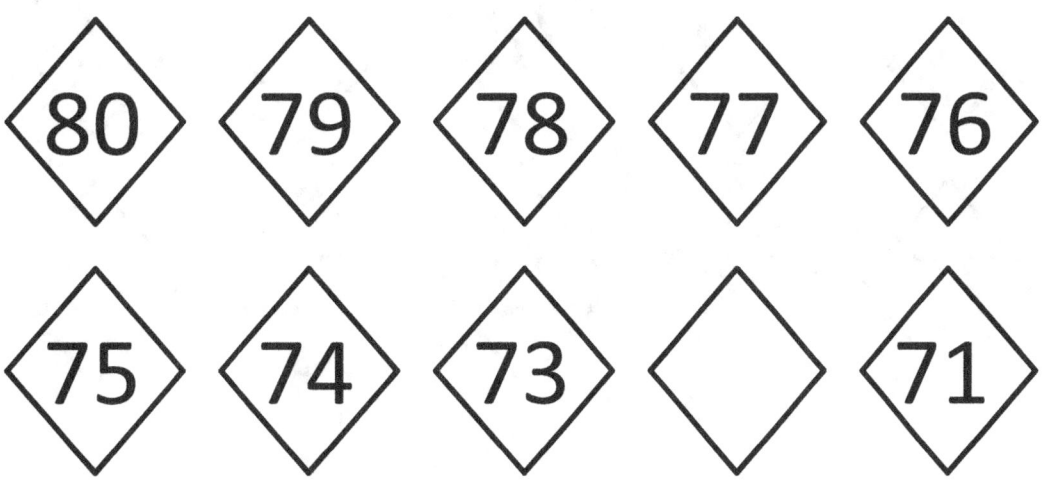

Idatzi falta diren zenbakiak.

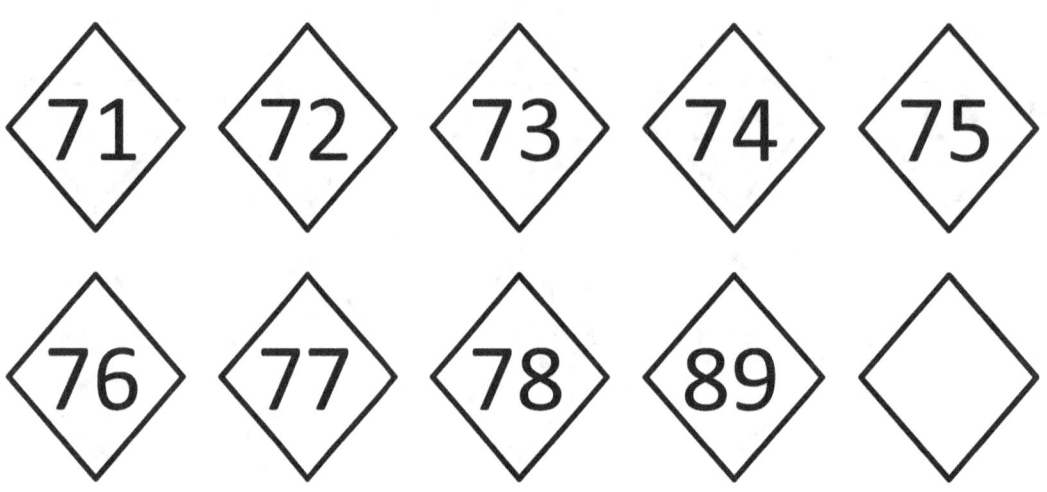

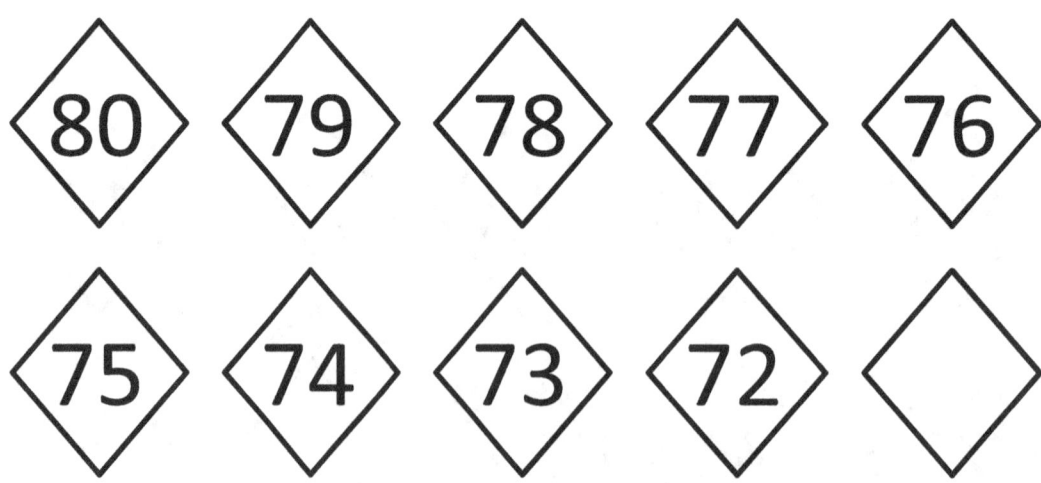

Idatzi falta diren zenbakiak.

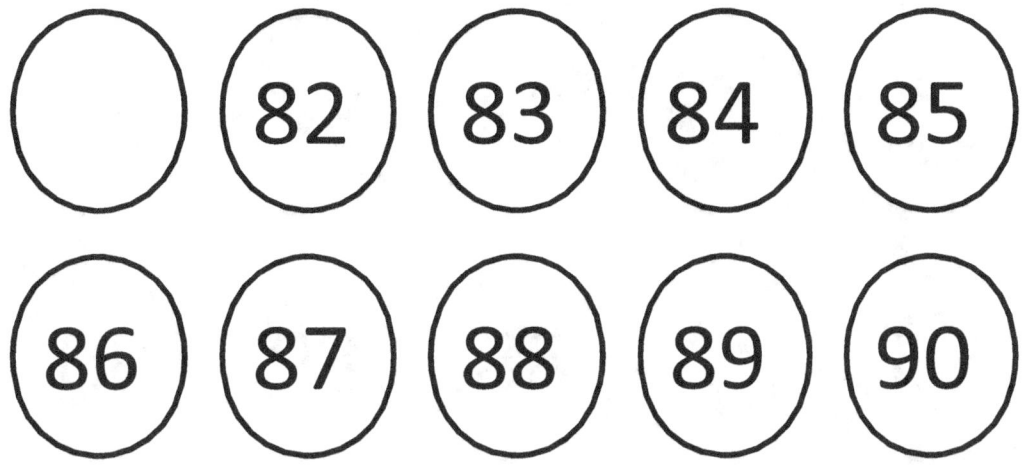

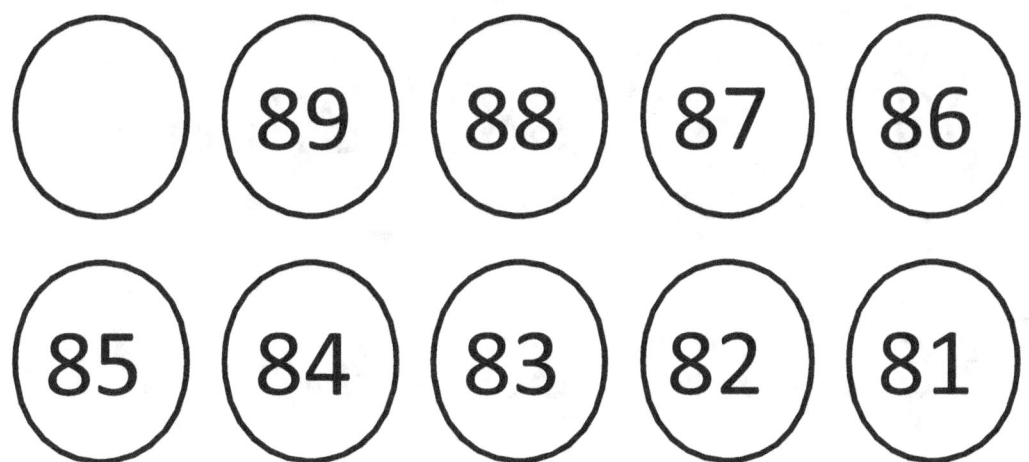

Idatzi falta diren zenbakiak.

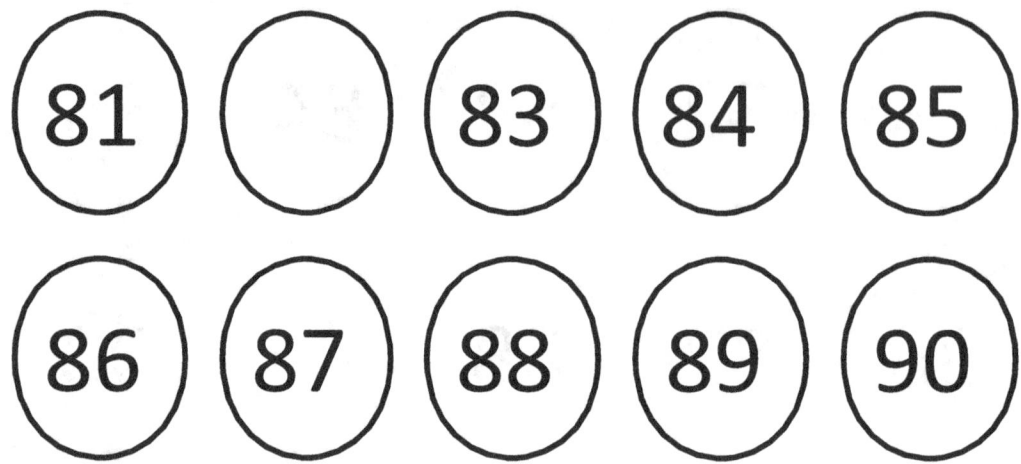

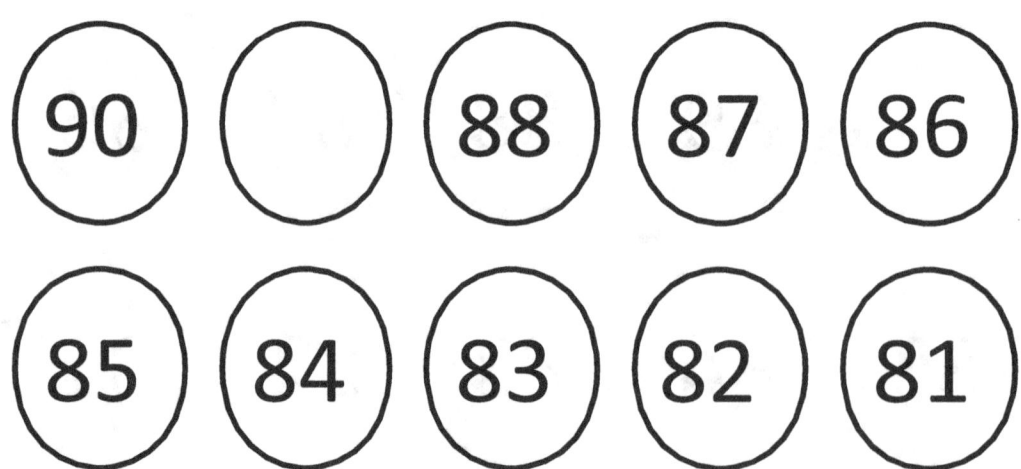

Idatzi falta diren zenbakiak.

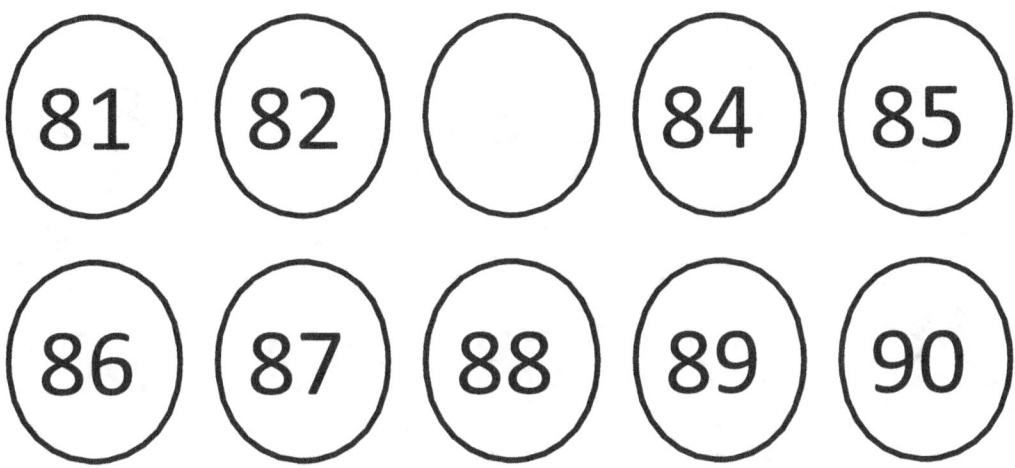

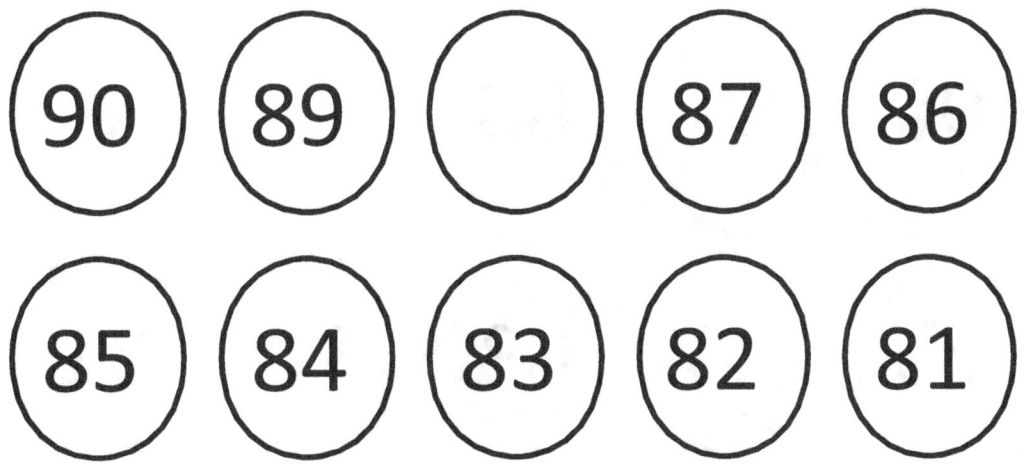

Idatzi falta diren zenbakiak.

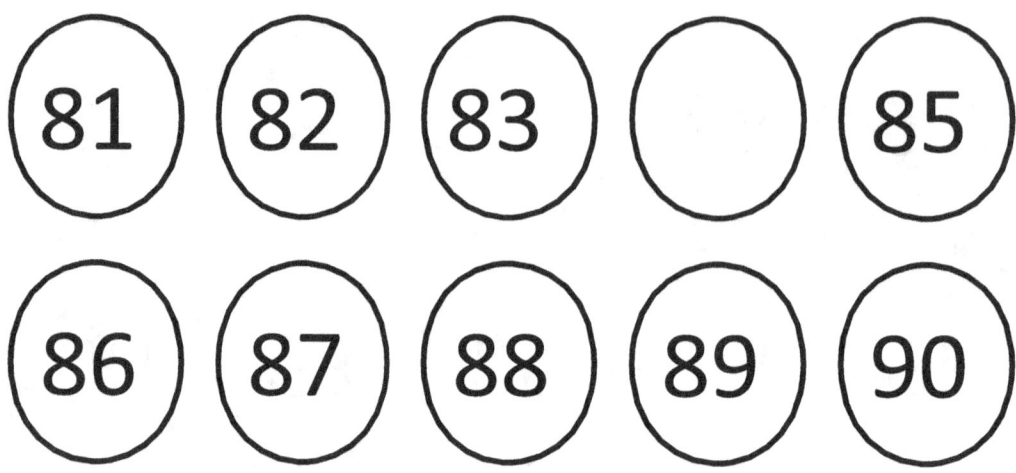

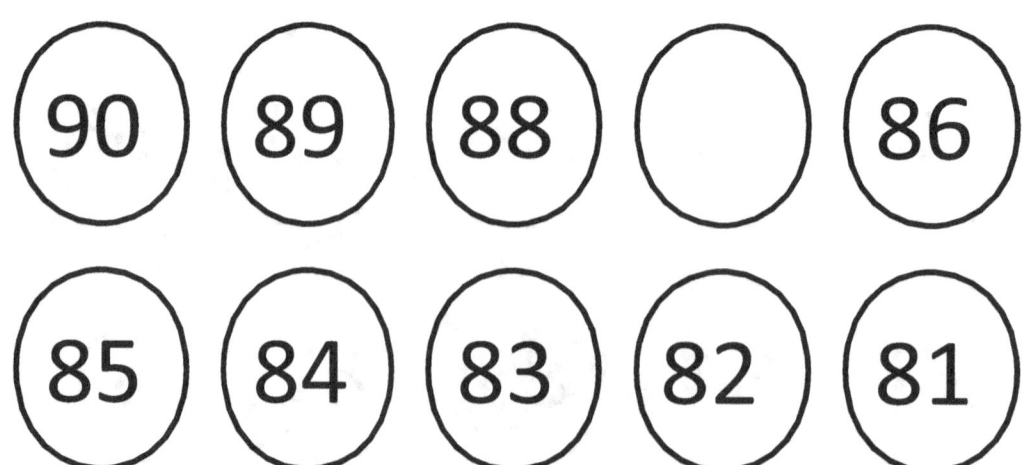

Idatzi falta diren zenbakiak.

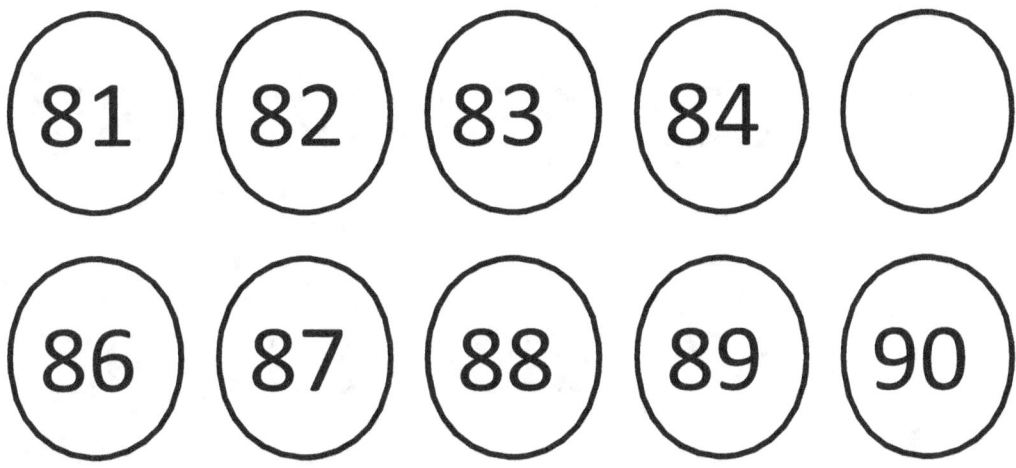

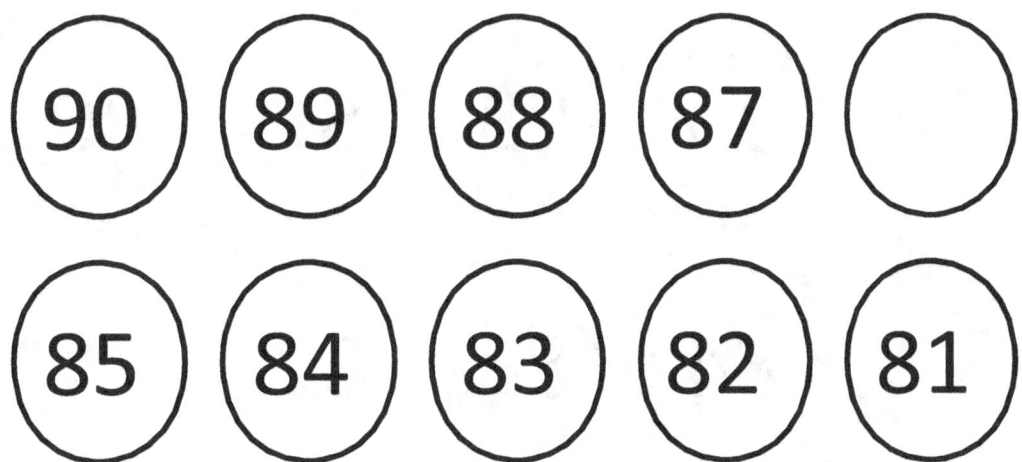

Idatzi falta diren zenbakiak.

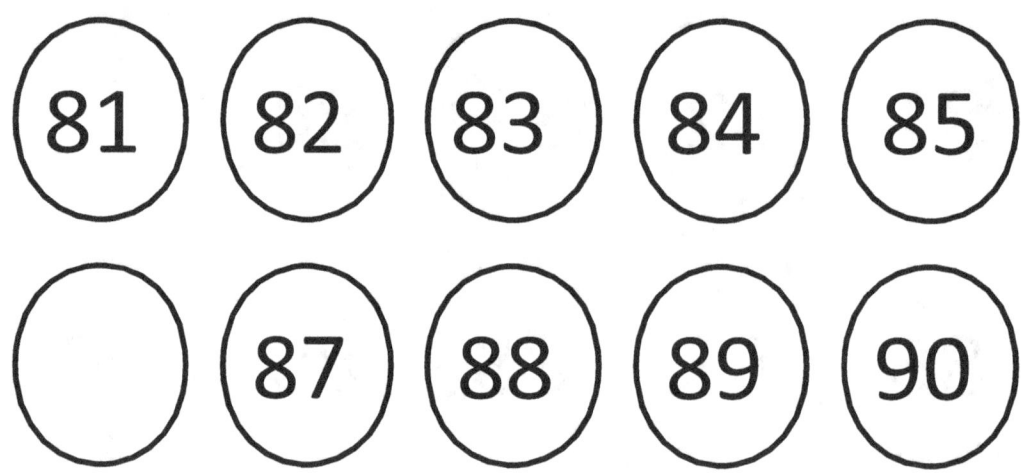

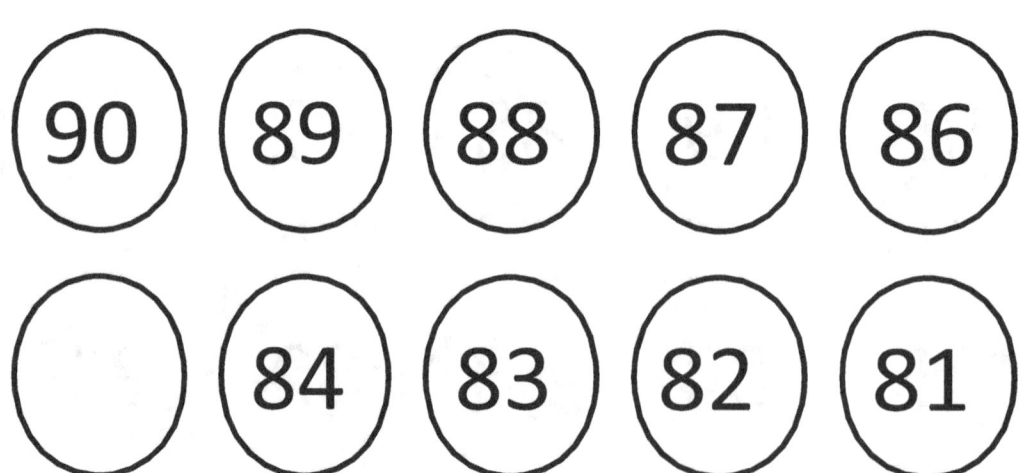

Idatzi falta diren zenbakiak.

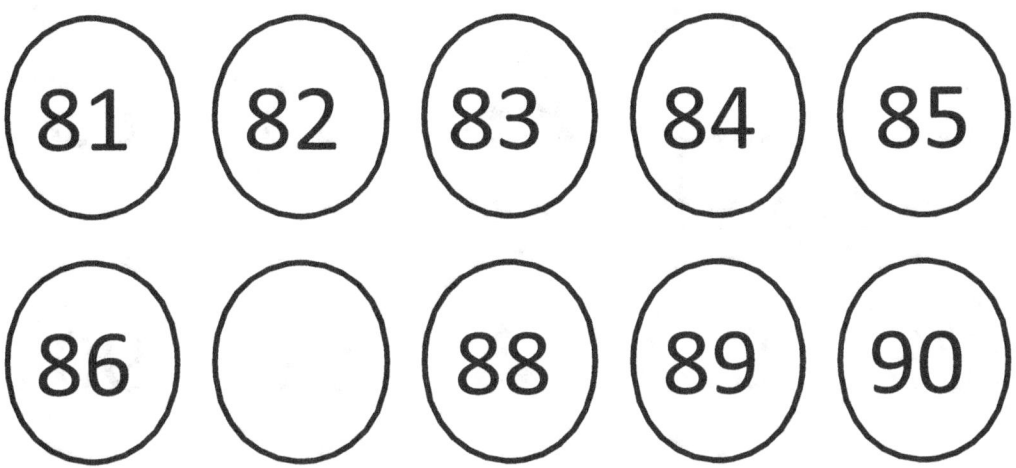

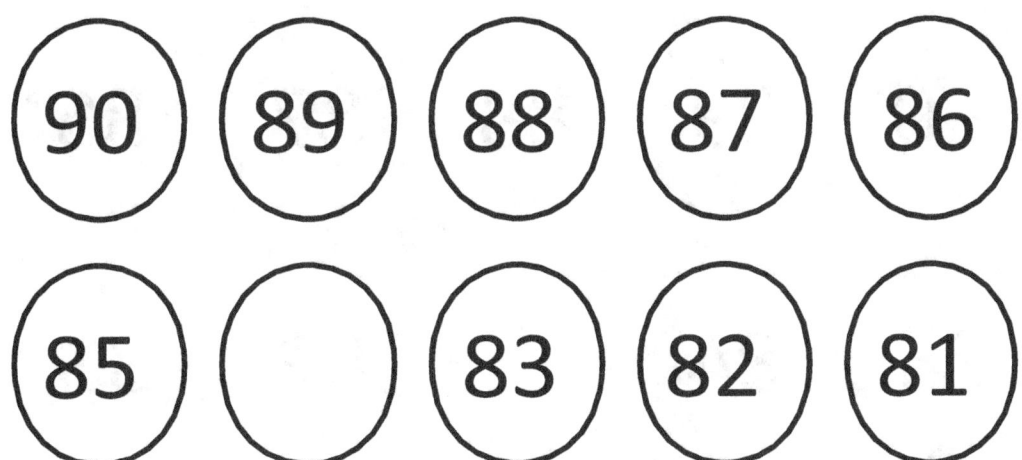

Idatzi falta diren zenbakiak.

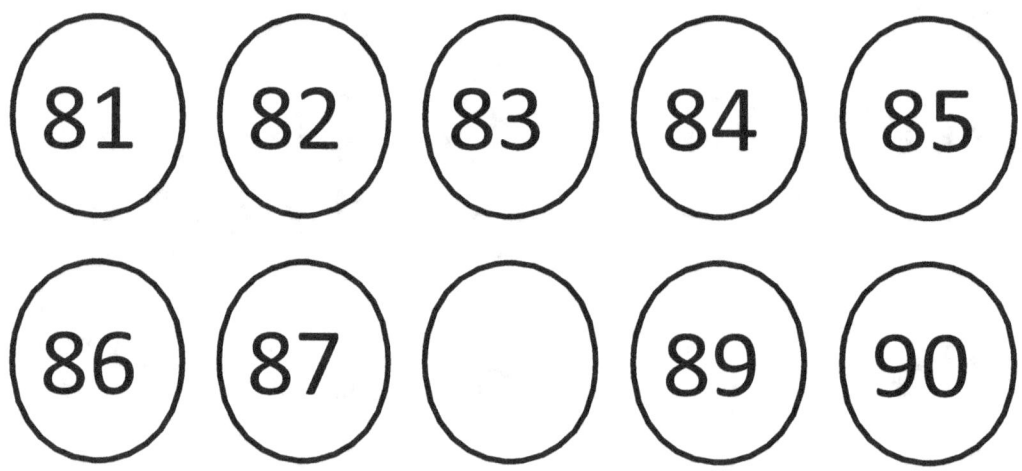

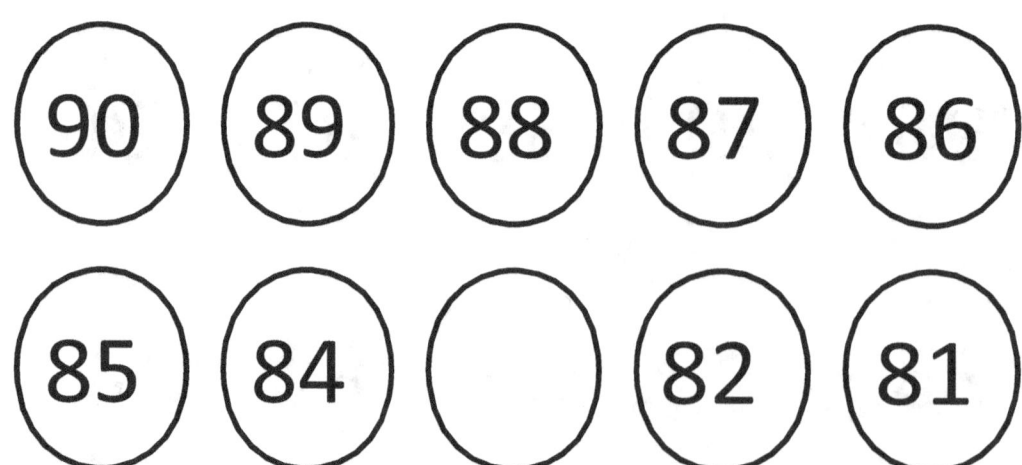

Idatzi falta diren zenbakiak.

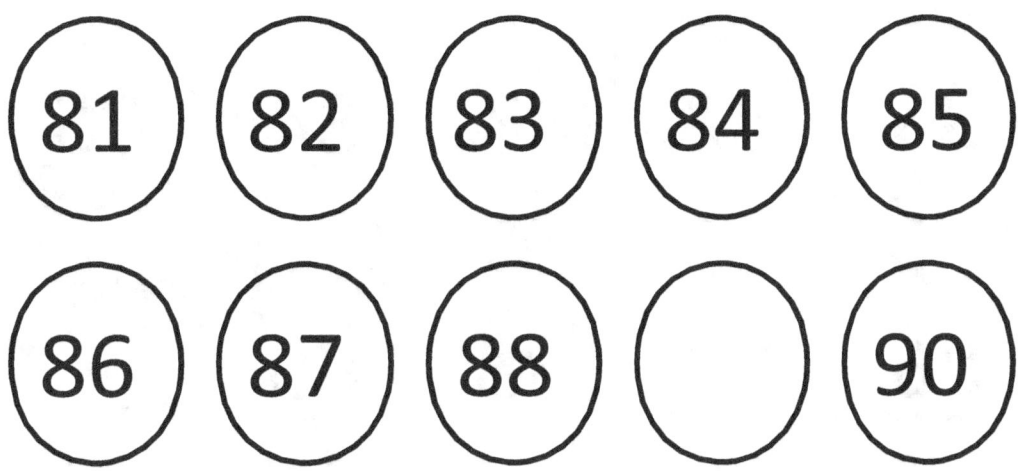

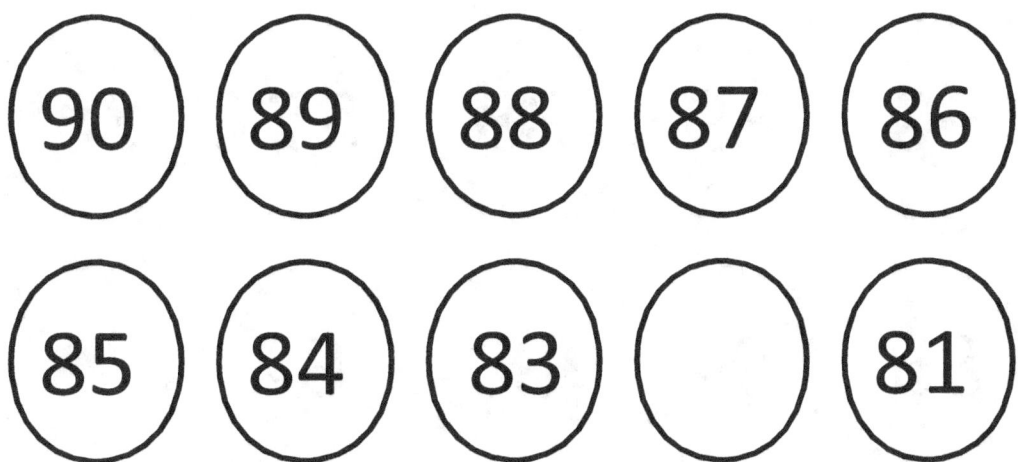

Idatzi falta diren zenbakiak.

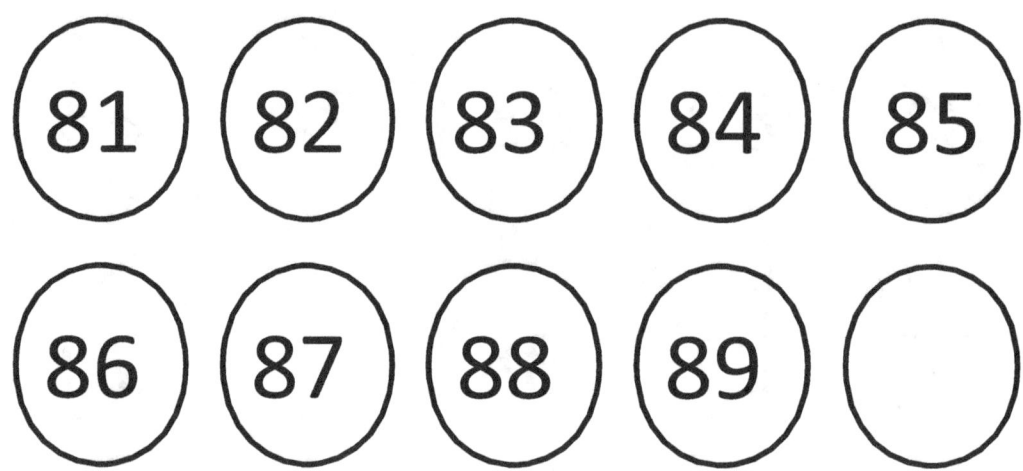

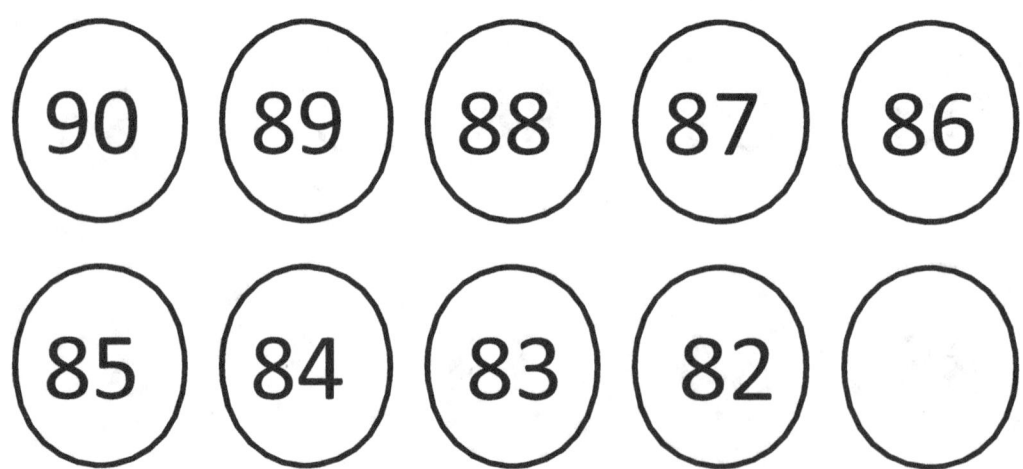

Idatzi falta diren zenbakiak.

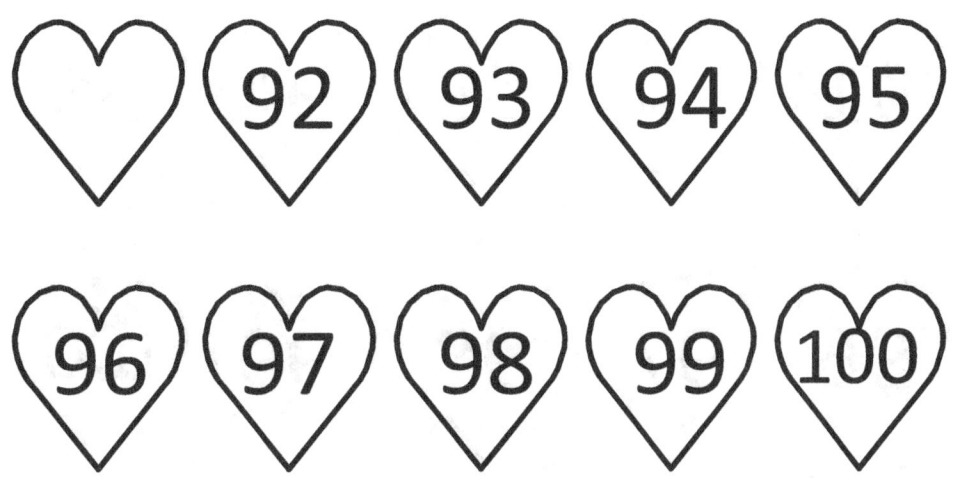

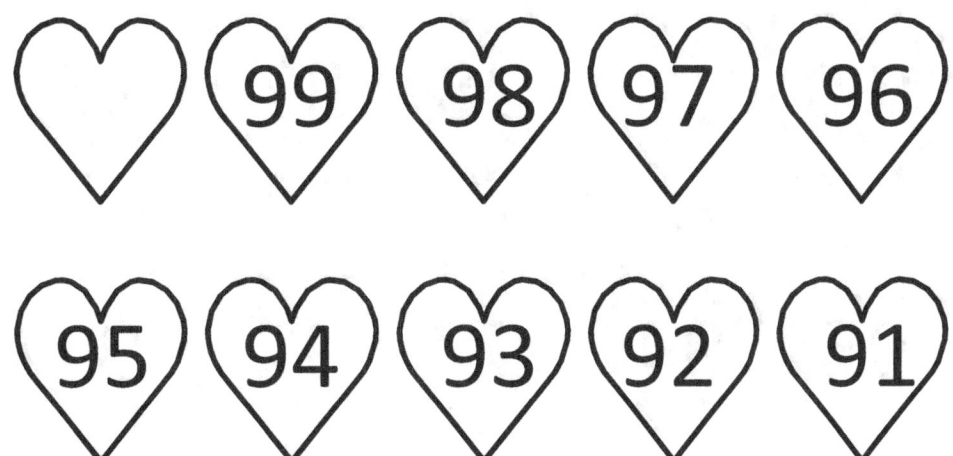

Idatzi falta diren zenbakiak.

Idatzi falta diren zenbakiak.

Idatzi falta diren zenbakiak.

Idatzi falta diren zenbakiak.

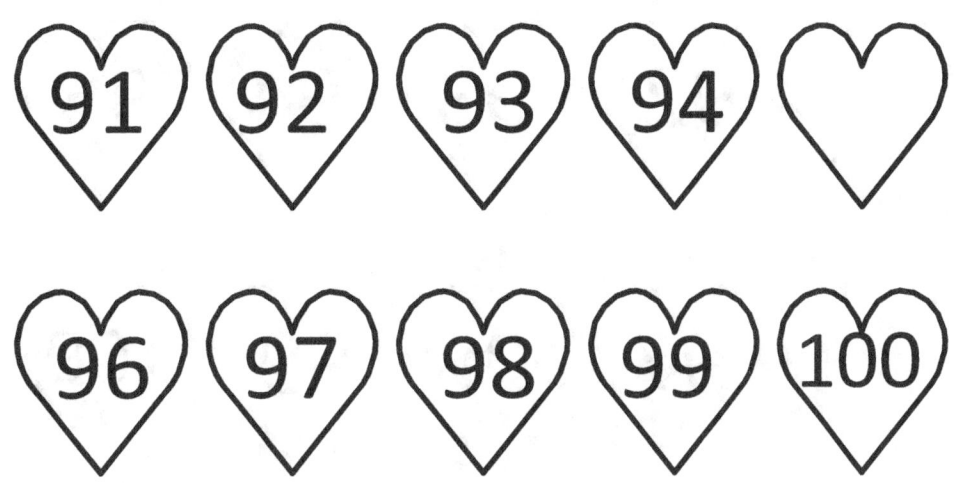

Idatzi falta diren zenbakiak.

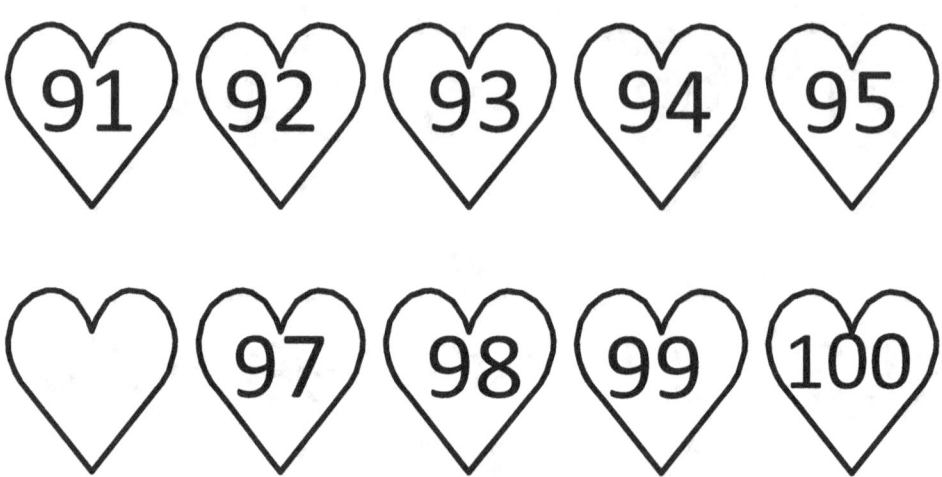

Idatzi falta diren zenbakiak.

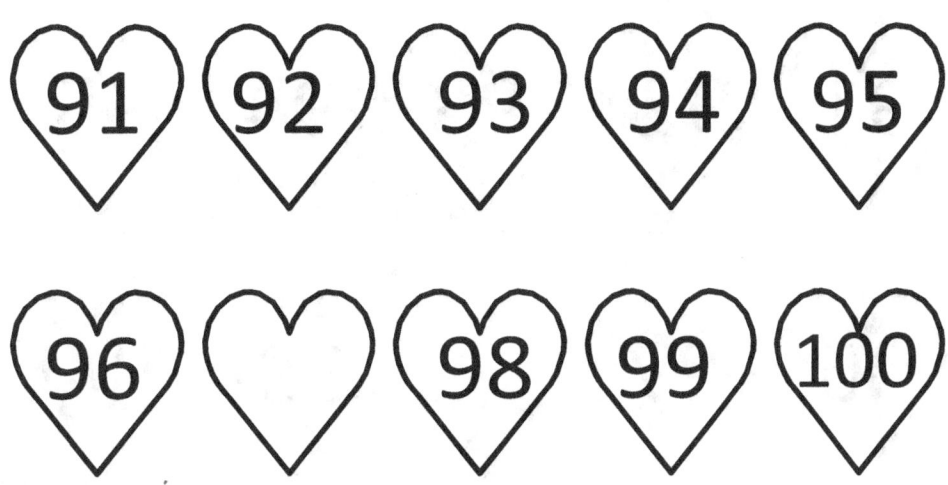

Idatzi falta diren zenbakiak.

Idatzi falta diren zenbakiak.

Idatzi falta diren zenbakiak.

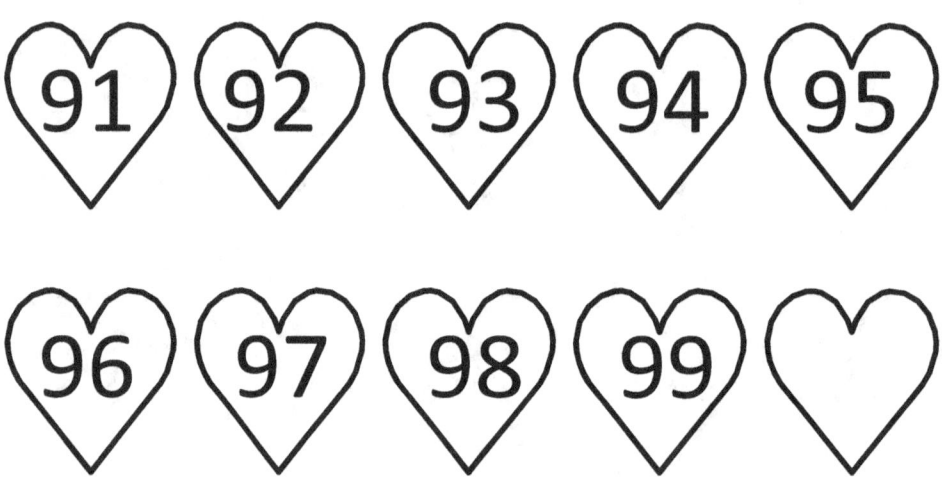

www.ingramcontent.com/pod-product-compliance
Lightning Source LLC
Chambersburg PA
CBHW060426220526
45465CB00008B/3035